EX LIBRIS

文案是…我不知道・你不知道的東西

I don't know you don't know

盧建彰 Kurt Lu・著

盧願・繪

•推•薦•語

林予晞（演員／攝影創作者）

文案是我不知道、你不知道的東西，而盧導則是一個爸爸，我指的不只是他女兒盧願的爸爸而已，他是那種看到你的新聞，就會幫你剪報下來傳給你看的那種爸爸，就算你沒回他訊息也沒關係，他下次還是會把你的新剪報拿給你看。

翻閱本書時，我原本期待的是一本讓人明白什麼是好文案的教學書，但看著看著，我卻在某些章節流下了眼淚，不是因為做廣告太多辛酸，而是因為我想起盧導總是不厭其煩地告訴你自己有多棒，就算在書裡也一樣；他總是花了許多篇幅告訴大家他身邊的人有多好，而不是他自己；如果你這樣稱讚他，他一定會說，稱讚身邊的人就是稱讚自己，因為我一定是超棒的，才能待在這麼好的人的身邊。

在這個大家都怕自己不被看見的年代，怎麼會有一個人只是拚命地想讓身邊人被看見，卻不是自己呢？盧導果然是道道地地的廣告魂。除了歷史偉人以外，我很少會覺得有什麼人可以帥得令我很服氣，但盧導就是那種帥得令人哭出來的爸爸。

陳夏民（逗點文創結社總編輯）

身為「創意教練」的盧導，與身為「創意教練的創意教練」的女兒，兩人充滿童趣與機智的對話，為讀者點亮生活的禪思。

一本討論創意與職涯熱情的實用之書，更是一本協助當代人重拾自在的心靈之作。

張瀞仁（美國非營利組織 Give2Asia 亞太經理）

「你不要寫這麼快好不好，顯得我像廢物啊！！」我在電腦前大叫。Kurt 已經寫了第十二本書，以極其誇張的速度。

他腦袋構造可能異於常人，當一般人在找資料、擬結構時，他看到花、鳥、聽音樂、喝咖啡都可以寫成深具啟發性的文章。除了生活中細膩的觀察和充滿韻味的省思，我最喜歡的是那股文字中濃郁到化不開的感情，那是讓人彷彿可以直接吸收一甲子日月精華的正能量。

如果你覺得自己很幸運，讀這本書會讓你感到前所未有的幸福；如果你在一段低潮中，這本書會讓你看到隧道盡頭的光。當然，光是可以讀到這麼充滿尾勁的一本書，我就打從心裡深深感激了。

葉丙成（台大教授、無界塾創辦人）

〈文案，是你真心想讓世界變得更好的價值〉

建彰這本書，給了我很大的啟發。過去談到文案，很多人常會以為就是絞盡腦汁、想出能讓ＴＡ（Target Audience，目標族群）有感的名句，坊間也不少書在談如何想出響亮動人的文案。如果要比喻的話，那些都是「術」，跟建彰要教你成為一個真正高手該有的「心法」，是完全不同層次的。

看完這本書，你會發現，真正好文案的關鍵不在於句子，而在於你要創造並傳遞什麼樣的正面價值給你的ＴＡ；讓大家過得更好，或心理更愉悅，進而認同你要推的事物或品牌。一個能感動人的文案，是在這根本的價值，而不是動人的話語。動人的話語只是一時的，一陣子就沒了；但只有創造能讓人認同的正面價值，持續發聲，讓這價值成為別人認同你的理由。這樣的文案，才能夠經得起時間的考驗。

舉例來說，當建彰在書裡提到因新冠病毒（COVID－19）而生的口號「我ＯＫ，你先領」，如果當初有哪個品牌率先提倡，會是多麼成功的文案？看完，我茅塞頓開！原來，現代企業要爭取消費者的認同，不再只是講你的產品多好，而是該為你的企業、品牌找到一個讓這世界變得更好的某種價值，然後長期地以你的行銷資源不斷推廣這樣的正面價值。世界因為你而變得更好了，大眾也因此而認同你的企業跟品牌。

回首過去，六年前，我創辦了「幫你優」這家教育科技新創公司，我們致力於提供免費資源幫助中低收入家庭的弱勢孩子。雖然跌跌撞撞很辛苦，但我們這些年來得到愈來愈多各界的支持，營收也開始起飛，我們也因此有更多資源幫助弱勢。我發現好像在不知不覺中，我正實踐著建彰這本書所說的。

二十一世紀是人類非常關鍵的時刻。全球過度消費對地球造成的傷害，加上人口過多、氣候變遷、疫情不斷，我們正處在人類歷史上不曾出現過的時刻，許多的問題都是人類未曾遇過的。所謂的文案，已經不再只是一句動人的話語，而是你這個企業、這個品牌，想要如何幫助人類讓這世界變得更好？當你想要讓世界變得更好、讓大家活得更好，你才會得到大家的認同。

而做為一個設計文案的人，你必須從根本上的人生態度開始轉變。當你就是這樣活著、就是這樣想讓這世界變得更好，你才能為你的客戶想出這樣的價值。更進一步地說，也只有當你是把「讓世界變得更好」做為你的人生信念時，你才有可能說服掌握資源的大老闆把資源投注在你想推動的價值。反之，如果你總是很現實地活著、很汲汲營營地活著，你從不關心他人、從不關心世界發生了什麼，那你將很難發掘出可以讓大家共鳴的美好價值。

建彰這本書，其實已經不只是談文案，而是在談我們該怎麼看這個世界、怎麼過日子。只有當我們真心會關心別人、會想讓世界變得更好，我們才有可能想出好的價值——

你也才可能引起這世界的共鳴。

鄭宜農（創作歌手）

每次跟盧導聊天，總會被他澄澈的目光與無懼的熱情鼓動，進而產生得做做看某件事的力氣。有時候覺得真是神奇，連看他的私人臉書貼文都能被「單純」到，但明明是在傳說中十分險峻的廣告業裡成長的男人啊！why？這本書想必將會解開我的困惑。至於不認識盧導的朋友，它也可以當作一本實用工具書，教你如何成為一個愛的seller，畢竟愛是最偉大也最難賣的產品，但此人卻賣得很好呢。

自序

真的，比較好。我是認真的，真的

我佩服許多人。

只要會做我還不會做的，我都覺得好酷。而且，我發現這些人都有個共通點，他們都認真，認真工作，認真生活，認真睡覺，認真運動，認真耍廢，認真戀愛，認真失戀，認真面對不公義，也認真為喜歡的尖叫、大笑。

我從我佩服的人們身上學到，原來我最不喜愛的是假裝。

原來，我從來就不是我自己以為的叛逆，我只是不喜歡假裝。假裝上課，假裝在意老師上課說的，假裝認真，假裝加班，假裝聽老闆的話，假裝有想法。

我也曾經假裝，現在也有時必須假裝，但這種無可奈何的假裝，有時讓人筋肉緊繃、頸肩僵硬，甚至身心俱疲，心力交瘁。

有的時候，我為這樣的自己，感到抱歉。因為我是真實的存在，那些因假裝而來的不適感，也真實存在。

我那天和女兒盧願去農場，主人是個真人。

以前武俠小說裡，不是都有些武功高手，稱是什麼什麼真人嗎？對我而言，他就是這樣的人，他靠自己本領，腳踏實地，真心誠意地照顧眼前的植物們，因為這些大自然不來虛假的那套。他活得又真又活，他是我眼中的「真人」。

他帶我和願去採木瓜，那木瓜大小和我們印象中的不同，小小一顆，只有手心大小，一剝開，香氣撲鼻，一口咬下，滋味沁心，甜上心頭，非常奇幻。

他又帶我們去看絲瓜，不過，要先瞧瞧小蜜蜂。

小蜜蜂是他請來幫忙的，原來之前的絲瓜長得不夠好，所以他要蜜蜂來授粉。

我和願看著眼前嗡嗡嗡身體黃黑條紋的小蜜蜂，其實不太懂。農場主人拉著我們去旁邊，指著絲瓜藤架上大大朵鮮黃的花說：「你看，這是公花。」

那花真的很漂亮，陽光下，恣意開展著花瓣真是好看，但，什麼叫公花？難道有母花嗎？我心裡納悶，正想發問。

這時看到一隻蜜蜂從我們面前發揮曼妙舞姿，輕盈地降落在大大的公花上，我和願聚精會神地看著。然後，又看到一隻黃黑條紋蜜蜂，穿過我們降落在另朵花上，但這花明顯地比剛的花小了些。

農場主人指著這略小的花說：「你看，這就是母花啊。」

我和願來回望著兩朵不一樣的花，心裡覺得真是百聞不如一見啊。

從小在課本上背誦蜜蜂採花蜜並因此授粉的教材，但我心裡並不知道實際是怎麼回事，也沒想過絲瓜有花，總覺得菜就是菜，花就是花，兩個在我的世界裡是不同的東西。或者說我擁有的視角是來自餐桌，卻少了對絲瓜完整生命的認識，只有最終的產物和我的生命有交集，我也只有如此片面並接近缺乏想像的認知。

會不會，我對世上其他事物的理解，都有類似的問題呢？

會不會，我根本是一個自以為懂事但其實不懂事的大人呢？

我正在想的時候，主人特意指了條絲瓜要我們看：「你看，如果沒有授粉讓蜜蜂幫忙，就會長得不好，像這樣。」確實，主人手上指著懸在半空的絲瓜，體型有點奇怪，比較像英文字母J，而且是從中段開始就向上彎曲，連我這不識農務的門外漢都看得出來。「這個噢，就是成語說的『歪瓜劣棗』，哈哈哈。」農場主人黝黑的臉龐露出亮眼的笑容。

其實，我根本不知道這成語。對了，我差點忘記說主人是台大歷史畢業，以前還寫過小說和詩，只是他說現在他更愛這塊田。

我突然想到一件事。
許多人以為文案是舌燦蓮花，把沒有的事講成有。
但，若是那樣，不也是種假裝嗎？

我認為，文案應該是我不知道你也不知道的東西，只是偶然間，我知道了，我興奮地想要讓你知道，它應該是真實的，而不是虛假的。文案應該是像我和願意外見到了蜜蜂採著授粉的過程，興奮開心地想跟朋友家人分享我們的發現。

文案應該是蜜蜂。
像蜜蜂一樣，被真實的花朵所吸引，並傳遞真實的花粉到另一朵你珍愛的花朵上。

你傳遞的是真實，是未知。
否則生出來的只是歪瓜劣棗。

不需要耗費你寶貴的時間和心力去傳遞假意，這世上已經太多虛情。

有些東西，我不知道，你可能也不知道。那就值得我們一起來發現，一起享受發現的快樂，那快樂很真實。
有些東西，我不知道你不知道，但我之前偶然知道這東西，那我盡量認真，說給你聽看看，因為分享讓我們更好，這很真實。

書名來自顯有次哼唱的自創曲〈I don't know you don't know〉，我也驚覺，太多我不知道的，而不知道讓我對接著的事感到好奇，讓我不無聊。我很怕無聊，我認真面對這件事，並認真去做許多事，儘管那些事也許在某些人眼裡很無聊。
我還不夠好，在孩子之前。
但，真的，我知道，比較好。
我是認真的，真的。

目次

II

我不知道、你不知道

III

文案是我們想知道的東西

I

文案是……

文案是⋯⋯

縫縫有光的自在

I don't know
You don't know

● 縫縫有光

因為時差，女兒願五點就醒了。

我假裝睡，她說：「把拔我們出去玩吧。」我說：「都還是黑的耶，我們再睡一下。」

其實，我也醒了，但我想調好時差，於是閉著眼假裝繼續睡，想試著睡回去。

她開始在我身上打節拍，並唱起歌來："I don't know you don't know." 因為是個人全新創作歌曲，所以我是世界上第一個聽到的。她不斷重複這首只有一句歌詞的歌。

我覺得滿好聽的，如果我是在清醒的狀態。

但我不是。我想睡覺。在我想睡覺時，我覺得什麼歌最好聽呢？沒有歌。

但她持續唱著。

手在我的背上打著節拍，輕輕的，沒有惡意的，帶著比較多你可以說是善意的東西，一句一句慢慢唱著。接著她驚呼：「把拔，縫縫亮了，縫縫有光！」

我刻意不回應，避免產生更多對話交流，這時應該減少溝通，毫不溝通是最好的溝通。

「嗨，天空，你好呀！」她已經超凡入聖，開始跟天空打招呼了。「嗨，世界，噢你好，我今天很高興，你好嗎？」把整個世界當作一個人來對話，也是種奇怪的行為呀。

我終於忍不住大笑，她轉頭看向我，轉動著大眼睛，開心地說：「哎呀，我以為你在睡覺，原來你醒了，來玩吧！」

●廣告的角度

我一開始做廣告創意時，一直以為是要去呈現自己的智商比較高、比觀眾聰明、比評審聰明，這樣才有機會在比賽裡拿大獎。後來我發現，那個聰明也許我用錯地方，那個大獎可能我有點誤解。我們做的事，本來就夠浪費了，因為耗費大量的資源，不管是時間、金錢或者人力，要是再只有自尋開心，那對整個地球來說，實在不是件太聰明的事。

後來，我比較知道，那個聰明，應該是**讓人想參與你**。

那個參與，應該是你提出了一個看法，大家不太熟悉，然後跟著你想過一輪，覺得很有道理，並且覺得自己這樣講也會引來尊敬、喜愛、認同，於是跟著你講。

這其實很難。

你自己從小讀書，在班上有任何一次這樣的經驗嗎？有的話，共幾次呢？

我們現在大學畢業的話，至少在學校十六年，可是十六年你都沒有過一次，你又怎麼能奢求自己今年會有呢？你還是你，你過去沒有任何一次這樣的經驗，又怎麼能夠奢求你在為不是你的某個品牌發聲時，突然就有這樣的能力呢？

（從統計學的角度來看，因為過去十六年都沒有，所以今年會有……）

（從統計學的角度來看，因為過去十六年都沒有，所以今年也不會有……）

●不願意、不樂意、不快意的層次

你是有種被強迫的心情，彷彿因為拿人錢財只得聽命辦事，一百個不願意，兩百個不樂意，三百個不快意嗎？

這有什麼不同？

正面表述不容易，那我用負面表述試試。

不願意，就是你不想做，但仍得做，你也不清楚這個品牌精神怎麼來的，一知半解地也沒有感覺。心不甘情不願，上班領錢就得做事，那就做吧。做了就是有做就好，反正下班後，這不再是你的事，是老闆的事，是公司的事，是別人的事。你負責要推的品牌精神或者主張，就跟教室牆上的禮義廉恥，一直都在那，但沒有人看得見。連負責貼上那標語的你，都只有複製貼上，完全不為所動。

不樂意，是你理解這是什麼，你了解這個品牌精神，但你不太認同，也不是很想要大家都認同。但你是一個認真的人，你做事都會認真，於是你就選擇性地把事情做好，然而，不是把好事情做大，因為你沒有覺得這是多好的事情，你會保留實力。你用一般職場上的常識判斷，你不需要太多費力的嘗試。那就是你，一位上班族，稱職的上班族。老闆請你，沒有被你騙錢，你也心安理得。你就像幼兒園裡放學時的老師，面對孩子興奮地吱喳，因為那天是學期的最後一天放學，站在校門口，滿滿的家長和車水馬龍，你試著喊了兩聲安靜，後來改成小聲點。不管是哪一句，都沒人聽見。

不快意，比較單純，因為等級更高，一般來說，工作不太會遇到，若有，已經是十分投入了。你極度認同這個自己正在推動的主張，你也清楚裡面的想法，甚至你也被這個應運而生的故事所打動，你正在讓這個故事分享出去。只是，你多少對這個故事有點小小的疑惑，不確定這樣做一定有效，但你至少在做這個工作時是積極的，你遇到問題會想解決，遇到困難會想繞過去（承認吧，什麼遇到困難會擊敗，唯一會擊敗的是你自己，大家都嘛下意識地繞過去）。你會希望這件事可以成，因為它代表你這段時間的努力。只是就算這樣，你做的時候，並沒有開心，並沒有高興，你並沒有回家跟孩子吃飯時，興奮地手舞足蹈，想要讓孩子知道你最近在做什麼。

（什麼，你都沒有回家跟孩子吃飯，好吧，這才是你無法做好工作的主要原因。沒人可以炫耀。）

不歡喜的層次，決定你是怎樣的工作者，也決定你會做出什麼東西來。

●自在，是你自己在

我在學校十六年，又工作了二十年，實在也沒有好的方法。

（那你還寫，浪費自己的時間外，還要浪費大家的？）

不過，我覺得，好像可以稍稍學習我女兒。

你自在嗎？

就是你正在做的，你正在想的，你正在跟世界表露的事，你對這些感到自在嗎？

自在，至少，你自己會在，你感知得到你自己，你清楚自己完全投入，你曉得這很難的，但你做的時候還知道這也很難得。

很難的，這件事不是那麼容易被做成。

很難得，剛好是你在這時間做這件事。

你會很想讓別人知道這是什麼，就算旁邊沒有別人，你會繼續，因為你享受你在故事裡。

你也會有故事。

有點像是孩子時，我們喜歡聽故事，聽完之後，你會想要趕快講給別人聽，因為聽到這故事，讓你很開心很感動很喜愛，你也會想讓別人也跟你一樣，你不會太多選擇字眼，你只是興奮，你只是想趕快講出去。

這裡面一定有你，你知道的。

就像跑步時一樣，你每一步都有你，你會喘，你得鼓勵自己繼續跑下一步，繼續把腿抬離地面；你不可能疏離的，你一定全力以赴，因為不這樣，你連下一步都無法。

自在，不代表一定輕鬆，可是，絕對是你的自由意志發揮地最淋漓時，你很清楚你在哪裡，你不是為了什麼誰而做的，你會出神，你也會灌注所有精神。

你在，你自在。

如果是，你才可能影響那個躺在旁邊裝睡的人。

● I don't know you don't know

我二十年來的工作經驗，並沒有讓我多會做廣告，因為廣告型態一直在改變。但是，卻讓我會對好故事充滿渴望，而很奇妙的，好故事似乎凌駕廣告的型態。

它自在，它自在地讓人討論，它自在地讓人分享，它自在地讓人點進去看，它自在地讓人在下班的捷運上觀看，它自在地在家族的群組裡被傳閱，它自在地讓朋友在深夜的酒吧裡成為聊天的話題。

我多少會覺得，它有一種奇妙的氣氛存在。

那是一種，我不知道你知不知道，但我很願意、樂意、快意地在做，並讓人知道這個故事。

那種 I don't know you don't know 的氣氛。

那氣氛吸引好故事出現，簡直就像松露藏在草叢樹林深處，卻會輕易地被找到。

你很輕易地就可以辨識出來，就算你在前個會議那麼疲憊。

不過，還是要提醒一點，那個興奮、那個感動，是雙向的，如果你沒有正在快意地努力工作，今天誰在你面前說很棒的故事，你都無法意識到，原來那跟你的品牌有關——就算那個故事已經用腳本的形式出現在你的會議室裡了。

嘿，你自己也是個品牌，別忘了經營。

那種 I don't know you don't know 的氣氛，是你自己投入才會產生的，不管你的協力夥伴是誰，你沒有，一切也就沒有。

我不知道你知不知道我在說的了，但我很開心可以寫下這篇文章。

我很自在。希望你也是。

文案是⋯⋯
輸了也快樂

Nothing to lose

●「你快點去輸，加油喔」

某天我和乾兒子去打籃球，社區的籃球場上沒有什麼人，我們幾個家人朋友，連六個都湊不到，只能打二打二，女兒願願跟她的表妹在場邊加油。天空一點雲也沒有，完整天際線裡，只有太陽，這樣的冬天十分舒服。

因為大人共五個，我們無法打三打三，只好兩人兩人一隊，剩下的一位就在場邊顧小孩。我呢，很容易就變成那個在旁邊顧的。

我輸了球就下來，結果迎面看到我女兒和她表妹對著我跳呀跳，兩個人開心地唱著歌：

「你輸啦，你真棒，你真是太好啦，
你輸了呀，讓我幫你加油，
你真是有夠棒，加油加油，輸了很好，讓我幫你加油，你一定要輸哦，加油呀，輸吧輸吧！」

我一開始很驚訝，接著，看到她們笑瞇瞇的臉，跟著大笑。

對耶，我怎麼沒有這樣想過？

●輸輸也很高興

我停下來問願，為什麼要幫我輸加油？她說，輸也沒關係呀，輸也可以笑笑。輸也很好玩，不是嗎？我聽她說，之後，才開始思考。

對呀，我們習慣贏了才好，卻忘記，有些活動沒有人輸就無法有比賽的勝負；換句話說，總要有人輸，比賽才能結束，才會有結果。這樣說起來，贏的人不也要感謝輸的人，否則自己憑什麼贏？

她的每一句，都在顛覆我。
我真的覺得這場球超有價值的。
願的思考是，輸會怎樣嗎？
輸了就不能笑嗎？
那我們整個人生贏的時間那麼少，不就要一直哭，一直生氣了？
輸也可以很好玩。

你在過程裡享受自己的認真，享受對方的認真，享受自己的專注，希望某件事發生，但那球沒進，不代表你就不能享受比賽吧？退一步來想，從旁邊的觀眾角度來看，要是沒有對手，就沒有比賽，要是沒有認真的對手，就沒有精采的比賽。

她大大的笑臉，啟發了我。

我還進一步想到，有時候我們會說我們不喜歡競爭，真正的話語是不是、會不會我們太怕輸了？

可是輸了就不好嗎？好像也未必噢。

還能輸是件不錯的事，因為有些人不能失敗，所以一事無成——因為不做事就不會失敗呀，不參加就不會輸了。換句話說，可以輸的人，不就比不敢上場的人厲害了嗎？

輸掉NBA總冠軍賽的球員當然厲害，輸掉眼前比賽的也不賴，畢竟，你還有比賽，你還能夠上場比賽。

做為創意工作者，我很清楚，如果把每件事都看待成遊戲，或許樂趣會成為很重要的驅動力，那讓我們比較不會覺得累，那讓我們可以有更多想法迸現。所以，多數的創意總監都會在徵人廣告上說一句：「來，跟我們一起玩吧！」

可是，如果，會輸呢？

可以輸嗎？

● 樂趣要橫生，而不是不孕

如果我們要追求樂趣，讓樂趣可以時時成為我們的幫助，讓我們享受好奇，減緩大腦疲倦的信號，這時，在理想上，最好能夠時時獲得樂趣，因此，**樂趣不應該只有在贏的時候才存在，應該在認真的每一刻都存在。**否則，這樂趣也太稀有罕見了吧？那個驅動力也太薄弱且無望了。

那，如果你把樂趣和成功綁在一起，你很快就會輕易地放棄認為你有機會得到的樂趣，最快速的連結狀況就是，我不要玩了，因為不好玩，因為我會輸。除非你會每天成功，但那個成功，大概也不會帶來特別多的樂趣。

有些孩子，寧可不玩遊戲，就是如此，因為他怕會輸，他怕到時候的那個挫折感會讓他不舒服，其實，非常合理。因為我們制約了，因為我們設定了，贏才能笑。

這有點可惜。

就創意思考的角度來說，遇到制約，本來就該進一步思考，那打破制約會如何？這是很基本的動作。只是，我們可能少做，並且不做。

假如，你連輸了都還會笑，那贏了呢？說不定，你笑得更開心。最重要的是，怕輸讓我們不敢嘗試，絕對是創意思考的阻礙。

樂趣是你的動力，樂趣要橫生，不要不孕。

當然，樂趣直生也可以，我看過很多樂趣直生的人，一直生一直生，他在組織的位置，通常也會直升。大家也愛跟他一起，因為會很開心，並且很開心地又做出新的東西來，有時也挺莫名其妙地，就發生了。

樂趣橫生，否則，你的創意也很容易不孕。

提案不失敗的祕密

在創意的世界裡，我們常常在提案，跟自己提案，跟老闆提案，跟客戶提案，跟客戶的大老闆提案。有想法的人，總是在跟世界提案。反之亦然。提案很多時候決定了你有沒有樂趣，提案的成功、失敗，常常也決定了你的樂趣。所以我們會害怕，我們害怕那不確定性。

我近二十年的提案經驗告訴我，害怕提案失敗，會讓你提案失敗。

再寫一次好了。

害怕提案失敗，會讓你提案失敗。

我的做法是，我很努力認真地想出一個好想法，來跟你分享，你如果沒聽懂，那我就再說一次，再不懂，就再說一次。覺得害怕，我會陪你，並且在你害怕之前，幫你想到你不需要那麼害怕的理由。甚至還有，當你害怕時，我們可以一起為這案子做什麼的延伸性提案。

但是，如果你拒絕這提案，我會怎樣？

跟你提案，而你拒絕了，我會感到可惜，為你感到可惜，因為我很努力想了，而你不在一個奇妙的狀態裡，是你的損失。

也許星球的運行沒有剛好排成一直線，也許你小時候的創傷經驗讓你不敢跨出這一步，也許你的主管對你的工作職掌缺乏想像力，也許你的團隊給了你一個不太理想的消息，讓你只能保守一點。總之，你無法選擇這提案。

那是你的損失，不是我的。

這想法還是我的，你沒有那個福氣得到這個想法，要感到損失的人是你。

我跟一小時前還沒進會議室的我一樣，我還是擁有那想法，我還是擁有那想法的人，我還是想出那個充滿創意的想法的人。跟你再多說一件事，我還可以把這想法帶給下一個人，下下一個人，下下下一個人。最美妙的是，我接著還可以想出其他跟這想法不一樣，但一樣有創意的想法。

因為，我是提案的人。你不是。

這樣說起來，怎麼會有提案失敗呢？只有，被提案失敗吧。

I'm sorry for your loss.

● 找一天認真地輸

有時候我為了鼓勵願刷牙洗臉快一點，就會說，我們來比賽。結果願就抱怨，「把拔，我們不要比快，我們來比慢。」我覺得很好，然後發現，願是比我更有創意思維的人。

做過核心訓練的人就知道，許多動作，慢比快更加費力，並且會更加運用到深層的肌肉，同時，這也可以強化在變動的環境裡自身的穩定。我就不要再舉NBA柯瑞（Stephen Curry）的例子，告訴你，核心肌肉如何在被對手碰撞下仍能保持自身的穩定性，把球投入好幾公尺外的籃框。你也知道，世界變動得多快了，你還不強化慢的能力的話，風險實在很高。

但我還要進一步地說，願重新定義了勝負，重新定義了比賽的規則。這是有創意的。

你也可以，找一天刻意地認真輸。我的意思是說，你要不要試一次，讓你公司裡的夥伴，因為你而被老闆誇獎？也許，表面上，看起來你沒有贏，甚至是你輸了。但你的夥伴自己清楚知道，是你的助攻。那，你覺得下一次，你有奇妙的想法時，他會不會挺你？還有，你真的覺得老闆不知道是你的幫忙，才讓同事有傑出的表現嗎？

我覺得，他可能知道哦。

如果他不知道的話，那我再告訴你一個好消息：你可能很快就可以超越這位老闆了。不管是從職位或眼界的角度。

●搖滾明星的丰采

或者，你也可以跟我一樣，刻意地在原本的提案裡，增加一個看來風險度增加，但很不同凡響的提案。那當然可能讓你有那麼點靠近傳統的輸。但不用怕，因為你還是有其他合適、符合一般主流想法的提案，所以，你會是安全的。

但你可以看到，其他人的臉上反應，他們會嚇一跳，他們會驚訝，他們會感受到原來宇宙中還有如此美妙的想法呀。

你就變成芥末醬了。

你幫食物提味，讓許多人眼界大開，你讓他們，叮地一聲，整個腦袋醒了。那都是原本怕輸的你無法做到的，你讓自己進步了。最有趣的是，那個看來危險不羈的想法，竟讓你另個想法顯得安全許多，而那原本還是大家有點疑慮的呢。

在驚世駭俗的搖滾明星面前，每個人都顯得居家有禮，容易親近。當然，也有個奇妙的時刻可能會到來，就是，他們跟你一樣喜歡這位搖滾巨星。

你們可以一起做出驚世駭俗——不，是改變世界的好事情。

● Nothing to lose.

最重要的是，你經過這一次又一次的練習，就不那麼怕會輸了，你變得大膽有創意，你開發了自己的潛能。

你知道美國隊長力氣很大吧？他可以抬起車子，可是，你不會擔心他拿不起咖啡杯。

創意也是。

你可以收放自如的，你也可以更加坦然地面對傳統認定的輸贏，因為，你有創意，你怕什麼？

活著就有下次。

你知道，許多搖滾巨星的歌，都在傳達一個共同的想法，那就是愛。而愛應該是沒有特定長相、沒有特定身分、沒有特定形式的。愛和創意，比較近，和排斥比較遠，跟輸更遠。

在愛面前，**nothing to lose.**

文案是⋯
大聲讚美

It's a great idea

業餘演員的苦惱

我常覺得，我們都好認真地想要把事情做好，我們也好在意自己在辦公室裡的形象。有些人還會跟你說，比起把事做好，把人做好比較重要。我們深怕一個不小心自己成了辦公室裡的麻煩人物，就算只是午餐，也會想要和幾個同事一起，怕漏了八卦，也怕成了別人嘴裡的八卦。

會議上，更是小心翼翼，想著什麼時候要說點什麼，要讓人覺得自己有在開會，又不要讓人覺得自己在主導會議；怕擔上個不認真工作、打混的惡名，又怕被說太過強勢打壓別人想法。

不過，比起來，我覺得，前兩樣還不是我在害怕的。

我比較怕和大家一起，演上班。

你知道什麼是演吧？

你演我也演，最麻煩的是，我們都不是專業演員，演得不太好。

要是我們是專業演員就好了，專業演員會為了工作下足功課，把每個細節都搞定，認真學習。

說真的，我認識的每一位專業演員，都是如此，他們都卯足了勁，會用各種工具，嘗試所有資源，盡其可能地做田野調查，要把角色的每個重點做到位。當他們把基本工做完後，接著才是情緒，並不如大家以為地只是在演出情緒。他們是讓那個人在那個情境裡自然地展露與反應，而不是在演那個情緒。

也就是說，要是想演專業經理人，就真的把報表給看懂，真的認真地研究競爭態勢，積極地找到企業的利基，真的思考企業遇到困境時，要尋求怎樣的idea，要如何用不同的外部內部資源整合或者解構分出去。絕不是演拍馬屁、察言觀色而已，那樣演的不是專業經理人，演的是企業內部的阻礙、絆腳石，多數時候，是戲劇裡的反派角色。

演不是問題，演得不像才是。甚至是演錯角色了。有反派角色沒關係，但重點是，你是真心要做那個反派角色嗎？還是，誤會一場？

我們每個人都是職業球員，職場就是我們的球場，觀眾看著我們，歷史會評價我們。但，職業生涯過去後，你希望留下什麼背影？

It's a great idea!

那天女兒願和她的表妹乖寶在視訊聊天，我讀著報紙喝著咖啡，不是很留意。依稀聽到願說「妳把卡片收好，不要亂放就比較不會丟掉」之類的。突然，聽到乖寶以極高的音量，開心地回："It's a great idea!"她真心誠意的聲音，讓在旁邊無意間聽到的我都感到興奮，更別提被誇讚的願了。

我本來的閱讀被打斷，停下來想，這確實是個好想法耶。

我是說，真心誠意地給人肯定讚美，也許是勤勞但也過勞的我們需要的。更別提，創意產業的我們，總是在渴望想到好的idea，只是在那之前，我們更渴望被當做一個能想出好idea的人。

不過，我們要是可以先認真地讚美別人，會不會，我們就有機會更靠近那個精采完美的idea呢？會不會，當我們讚美別人，別人也讚美我們時，我們就集體地更靠近那個理想的創意殿堂？

我一直相信環境問題是每個人的問題，而答案也在每個人身上。

創意的環境問題

不要懷疑，你構成了環境，對每個夥伴而言，每天都要跟你相處超過八小時，甚至有可能，你比他的家人還跟他有更多時間在一起，你的一顰一笑，都勝過他家人的影響。畢竟，大家都是成年人了，你的一句話，更有可能比他媽媽的十句話來得有力量，如果你慎選你的說話方式，會不會就是個起點？

有人會說，我們的文化不太習慣這樣的讚美，那，你還不好好做個影響人的人？這是個多棒的機會呀，不是每個人都有如此奇妙的機會，可以讓你成為那個開始改變組織氣象的人。

組織不是別人，就是你喔。

當別人丟出一個想法時，你就說"It's a great idea!"，當他再丟出一個時，你再說一次"It's a great idea!"，當他丟出第三個時，你再說一次"It's a great idea!"。

照這個頻率，你可能半小時內就會有好幾個想法，最美妙的是，這不累，你們不會有坐困愁城的感覺。你們是在看跨年煙火，一發一發又一發，你們拍手叫好，你們為自己開心驕傲，誰這時候會覺得自己很可憐？大家只會覺得自己很棒呀。

自己棒很好，讓別人棒才厲害。

當你做到這樣，你就是創意總監了。

創意總監不是想出最多idea的那個人，是讓人想出最多idea的那個。

然後，最美妙的是，你們只要從這麼多idea中挑出最好的三個，大家就會說你們很有創意，喔耶！

有創意的人，其實不是最聰明的那個，而是從最多idea挑的結果，基本上，就是十中選一，跟百中選一，還有千中選一的差別。萬中選一的idea，就是國家隊，就是國手，就是國家級的idea。可以代表我們國家，去打奧運，去打世界盃。其實，仔細想想，擁有萬中選一的idea不難，只要你想出一萬個idea就好。

但，你有試著營造這樣殿堂級的創意環境嗎？

你有給每個夥伴殿堂級的鼓舞嗎？

● 創意三重奏

我身邊正在播的是海飛茲、魯賓斯坦和皮亞提高斯基三重奏，柴可夫斯基A大調五十號，這三個人，當然是室內樂裡的大師了。這個版本是一九五〇年，離現在有七十年了，當時聽的孩子，現在也都是七十多歲的老人了。

橘色的封面上，三個人環繞著彼此，海飛茲手拿著小提琴的琴弓，魯賓斯坦端坐在鋼琴前，三個人都正專注地看著鋼琴上的樂譜，我覺得，這是創意的理想狀態。

從這個簡單的剪影，我可以感受到，他們的思緒豐沛飽滿，目光集中，目標一致，角度卻不同。不吝嗇說出自己的觀點，不會因為對方是大師就客氣，而是試著要讓對方更上層樓，或者說，讓作品更上層樓，那成就了大師，讓彼此更好。

我不知道如何跟你形容，但是獨奏很好，雙重奏更好，三重奏太好。

因為出發的角度不一樣，彼此也不會是一元單調，不會二元對立，而是三元多樣。音色不同，高低映襯，旋律互為領導，帶出新的感受境界。

如果你有這樣的創意夥伴很好，如果還沒，也別洩氣，因為多數人都沒有。

我很幸運的是，在工作時，竭盡腦汁，更多時候，是要好幾公里——因為我總是在運動跑步時想東西——費盡千辛萬苦才提出一個創意腳本，提案給客戶，得到拍片的機會。但故事不是到這裡結束，我也還在期待變化。

當我和製作團隊一起構思執行時，作品又開始起化學作用，有時有資深演員如金士傑、譚艾珍老師加持的善加演繹。更多時候，是因為攝影師巧思構圖，尋求獨特的光影效果，幫助我把原本文字的想像，有了真實畫面的呈現。那還只是第二層的發酵。

通常，當我拍完之後，我還是充滿期待，期待這作品會變成怎樣，因為有後期的音樂陪襯，一個故事就長得不一樣了；更重要的是剪接師說故事的技巧，當他聽我講完故事大綱，他可能會有另一種詮釋方式，把影片的結構重新安排。那個傳遞的邏輯一改變，整個故事簡直就像整形一般，煥發耀人的光芒。最後，才成為大家面前的作品。

你可以發現，在每一個階段，我都在面對不同的夥伴，我的反應都是重要的，我對待夥伴的態度，通常就是把對方當大師。**面對大師，你會提高標準，更不會吝惜給予讚美，而我發現，創意唯一需要的燃料，就是讚美。**當你大聲讚美，火勢最旺，最後，在那巨大高溫的熔爐裡淘熔出的作品最有光采，最有力量。

這樣說起來，**"It's a great idea!"**，會不會是最好的idea呢？

今天，你要不要試試，跟十個不同的人，說十次這句話？我跟你保證，就算你沒有得到十個好idea，你也會創造一個懂得欣賞好idea的image。那你的創意三重奏，指日可待。

現在，你先跟我說，It's a great idea吧！哈哈哈。

文案是……
把自己當人才

不可多得的人才

● 不是人才？

我有一個經驗，曾在一位找我帶作品去面試的主管口中，聽到「薪資不重要，我幾年後給你」云云。當我走出他們辦公室，走在大馬路上時，我心裡想著，你在爭取我去上班時都無法給我了，那之後更加不行了吧？再不然，你也應該提出其他可以吸引我的東西，比方說，創意空間，但沒有啊，他沒有努力提出會給我足夠的創意空間，好讓我可以做出好作品來。

我想，無論背後的原因為何，總之，他並沒有那麼想爭取我。

想起當時，我走在那人來人往的路上，還想著，既然薪資不重要，你可以給我多一點呀，反正不重要嘛（什麼耍賴方式）。

我那時可是便宜到不行，就算多給一些，還是很少，幾乎是許多行業的起薪而已，當時的薪水在台北付完房租和吃飯，就幾乎空空如也了，我完全無法把錢匯回老家給辛苦的爸媽。

不過，薪資確實不是最重要的，作品才是，而有沒有人願意支持你做出作品來更是重要。

而這似乎也會決定未來當我去他那個環境工作時，他會不會給我適合的戰場、適合的客戶、適合的夥伴與足夠的授權、足夠的尊重。還有，就是我剛一直在說的，把這些加總起來的創意空間。

薪資確實不重要，但當你無法給出足夠的薪資吸引人才時，你一定要辦法找到別的。

以我為例，我認為，對當初的我來說薪資確實不重要，但談薪資的過程，可以讓我判斷對方是不是重視我，是不是在乎我，他是不是把我看待成一個潛在的人才？

後來，我選擇去另一家代理商，幸運地在三、四年後，GUNN REPORT廣告創意積分在台灣排名第一。

我想過，也許該謝謝他，要是他給了我理想的薪資，我去了他那裡，因此而付得出房租的我，或許也就不會付出那麼多的心力做作品。

今天的我，可能會不太一樣。

對方一點也沒有錯，連我自己都不知道適不適合做廣告，我只是隱約覺得我可能會做，也大概做得好而已。還有，我不太知道自己認為的好，會不會也是別人認為的好，還有，會不會是公認的好。

這些對我來說都太難了，我只是有個直覺。這個直覺，說起來，很好笑，就是，我覺得這件事我來做，應該會有趣。如果做別的事，像我同學們去科技公司和金融產業，我可能會做得不太有趣。

之後，我比較懂，看到人才很容易。

看到還不是公認的人才，很難。

善待還不是人才的人才，更難。

●把人當人才看

話說回來，後來，我帶的每個人，都是人才。

幾乎每一個都是第一次做廣告，或者只是做一陣子，但他們全部都變成人才了，無一例外。這當然不是我的功勞，人才是自己變成人才的。

但我有一個小訣竅，就是**把人當做人才，他就會自然表現得像個人才**。雖然這個自然表現的時間不一定，要看個人造化，但簡單來說，你把人當人才，他就會像個人才一樣地表現，非常有趣。

我一開始也無法給這幾位夥伴高薪，因為公司給我的預算很有限，而且他們有幾位是新鮮人。但我真心地把對方當成如同我自己看待，或者我自己的弟弟妹妹。我可以保證他們一定會有作品，保證可以做重要的案子，而且常常要對企業的最高負責人提案（不會連開會的機會都沒有）——這可是許多人工作一、二十年沒有的機會。

這是我把人當人才看的方式。我知道會有風險，可能會有出差錯的時候，可是，我喜歡。因為我提供了錢買不到的機會，而且，當他入行才第一、二年就被賦予重責大任，到第三、四年就沒什麼好怕的，他知道唯一要怕的是自己。

到第十年，他對自己的標準會比任何客戶都高，那就沒有客戶會不買單了。所以，客戶會很放心地交給他，也會對他提出的奇妙想法給予最多的支持。於是好的作品就這樣產生了，他們成為人們眼中的人才。

注意哦，是人才，不是天才。

很多人會誤以為有所謂的廣告天才，但我這個時代沒有，或者說，我沒見過。我知道的每個傑出優秀的人，都是認真努力來的，沒有人是靠天吃飯的。靠天生能力吃飯的叫做天才，靠人的叫人才，這是我自己無聊的定義，可是，我真心相信。

●人才很珍貴，需要保育

我用的每個人，後來都是人才，但也許一開始，還不是。

這裡有個隨之產生出來的問題，跟大家分享。請問：你覺得同一個案子，我自己想，和給其他夥伴想，哪個做法，我會比較輕鬆？

其實，我自己想很快。因為我很容易就可以想到不錯的idea，並熟悉業界的規則，也嫻熟於思考的方法。我可以一下子就把工作單上成排的工作幹掉，而且客戶一定會買單，因為我的標準比他們高，我在業界也有了一定的成績，我的信用額度高，客戶相信我並尊重我。

可是，交給夥伴們想，他們要先習慣這個業界的節奏，還要搞清楚品牌的價值所在，接著才有機會進入發想的階段。而發想時又很容易岔題，給出了不正確的答案，必須一次又一次的試誤、試誤後，才有比較正確的答案。

這裡說的不正確，是說沒有「答題」，並不是創意不好，而是可能無法傳達品牌要傳遞的訊息，導致隔靴搔癢，或者文不對題的狀況，也就是沒有進入射程範圍，那麼命中率當然就低。

而進入正確的射程範圍後，我又會要求不只要精準，還要出人意表。

這雙重要求的高標準，其實非常難達到，必須要很有耐心，一次又一次地慢慢校正。這些需要時間，而且不會是一天、兩天。

可是，你也知道，當代的工作每樣都在求快，所有東西都在追求速效，那些壓力都會透過其他部門來到我身上，有的主管就會來跟我說：「你可不可以不要再用新人了？這樣很恐怖，我們的壓力很大。」

所以，那段時間我很累，是心累，因為我得去說服其他部門，甚至其他主管，這是我培育人才的方式，請他們包容見諒。那些攻擊和謾罵，我得承受下來，因為，別人看不出我的夥伴是人才，他們只想要東西，趕快給他們東西就好，他們不在乎人才，他們只要今天安全下莊。

他們不在意明天的事，更不在意別人的明天。

但你若是不培養人才，很快地，明天你手上就都是老人，一群老得無法創新的人，然後，你才抱怨年輕人不能用——問題是，你又沒有給他們機會，變成有用的。

而且，人才不是你說他是人才他就是，他得經歷過，他得緊張過、出錯過，他才會成長；他也必須要有安全感，知道他可以盡情犯錯，因為他的老闆會挺他，還會罩他。

於是，我常得危機處理，可是，這很好玩，因為之前都是自己做，變成我得等人家做，做了又不會一下子就最好，所以我得忍住不出手。但是出狀況了又要很快出手，一出手就得搞定，讓客戶從原本有點緊張，到知道「沒關係反正Kurt會在，再怎麼糟糕，他都會搞定」，一次兩次下來，客戶相信我可以解決任何突發狀況，並且因此接受更大膽的創意，作品因此得到更多的影響力。

他們理解我是為了讓他們的品牌可以保持年輕化，所以使用新人，他們就會轉而支持我，不會在背後去跟我的大老闆碎嘴。

因為我解決了他們的問題，他們跟我就不會有問題；他們甚至很害怕我會有問題，會避免公司成為我的問題。

很有趣吧。

我也被訓練得可以想更快，更全面，更能夠幫客戶解決問題。

而夥伴呢？很好玩哦，在我的 team 一年，可能相當於經歷過其他組的五年，也許一年後，他手上的作品集就比別人豐富，得獎的作品也被更多人討論。

他們像當初我看待他們一樣地成為人才，而且比其他人才成長得快，因為他們一直在戰場上，沒有躲在新兵訓練中心裡等放假。

把人當人才看，絕對不會讓你失望，因為他至少就會是個人。

● 把自己當人才

這裡要談另一個重點，如果你的老闆不是我，怎麼辦？以現在的狀態，你的老闆，八成不會是我。因為我現在不帶組員了，我帶小孩。哈哈哈。

很不好意思，隨著我成為一個稱職的創意總監後，我也想要嘗試不一樣的工作。

原本我的工作是文案，要創造作品，後來，我成為創意總監，要創造可以創造作品的人才。當我也學會後，我就開始創造別的東西，我拍片，我寫書，我寫歌，我什麼都想做，因為我是個創意人。

我帶過的人都成了創意總監，有的還管創意總監。我想我也許可以試著給還不是人才的你，一些忠告。你不一定要有我當你的老闆，就像當初我的老闆也不是我一樣。

首先，就是把自己當人才看。

麥可喬丹進NBA後，就是菜鳥，不是拿過NCAA冠軍的誰，就是菜鳥。職業隊和任何大學隊都不一樣，你也是。

喬丹花了七年的時間，才拿到NBA的總冠軍，那七年裡，他幾乎每場比賽都被活塞隊摔到地上。那時，活塞隊發展出的「喬丹戰術」，基本上就是打得粗野，讓喬丹在起飛前掉落在地板上，不管是擊落、打落、肘擊、揮拳，他們甚至說出，要喬丹理解到，「當你要到禁區得分，你就會受傷」。

好的，請你把這，寫在你的頭上，「當你要到禁區得分，你就會受傷」。

可是，喬丹沒有退讓，他就一次又一次地摔到地上，然後再衝向前，再被以犯規甚至幾近於是傷害的方式摜倒在地。他一開始會憤怒、動氣，後來發現，對方就是要他憤怒動氣，好影響他的命中率。

如果是人才，你就會被對付，世界就會對付你。

你不是不能憤怒，也不是不能抱怨，但，抱怨完後，你要想辦法，你不能只有受傷。你更不能因為怕受傷，所以不去得分。因為你是人才，你要把自己看待成人才，接著，我要跟你說，人才怎麼辦？

●「當你半夜在睡覺時，喬丹還在舉啞鈴」

後來，喬丹在第六年時，告訴他的訓練員，他的對手用不合理的身材和肌肉傷害他，他要用身材和肌肉回應。

喬丹從來就不是場上最壯的那個，他多數時候甚至是場上最瘦的那個，他說他要增肌。當時的訓練員說，這非常困難，尤其對一個在場上來回奔跑的籃球員來說，他們的運動大量消耗能量，非常難增加肌肉。

所以，後來才會出現電影導演史派克．李（Spike Lee）拍的電影《單挑》（*He Got Game*）裡，丹佐華盛頓在教雷艾倫籃球時說的名言：「當你半夜在睡覺時，喬丹還在舉啞鈴。」

好的，我要請你在把這句刺在你的手臂上，最好是上臂，而且要上下顛倒，因為是要讓你自己看的，不是給別人看的。

你有空就看一次，沒空更要看，因為你會需要的。

我的經驗告訴我，沒有人是天才，只有誰在同一個案子上想最多，誰就創造出最好的作品。你當然也可以把它換成花最多的時間在同一個案子上，但我要提醒你，這要小心，如果你花很多時間，卻都在混，並只有想出一個想法，那其實沒用。就好像，喬丹花一整晚，只舉一次啞鈴一樣。而且還是最輕的那個。

根據我崇拜的珍珍健身教練所說，當你拿的啞鈴愈輕你要舉愈多下，當你拿重的，你可以舉少一些，但基本上，兩個相乘，才會是你的力量。

我的意思是，當你還很弱時，就舉很多下吧，舉全世界最多下，這樣，你就算不是最強壯的那個人，你也不會最弱的那個人。當你很累的時候就想，你在創造進入障礙，愈累愈好，表示你創造的門檻愈高，別人愈不願意像你這樣付出，你的競爭力愈強。

第七年，當喬丹把自己的肌肉和身材練起來後，他飛入禁區，對手一樣用粗暴的方式攻擊他，他被攻擊後，保持冷靜，被犯規後得分再加罰。

因為，當你半夜在睡覺時，喬丹還在舉啞鈴。

我到現在，還是把自己看成很弱，所以，我盡量舉很多下。每一天。

因為，「當你半夜在睡覺時，喬丹還在舉啞鈴」。

因為如果連喬丹都這樣了，我們到底有什麼理由不呢？

● 不可多得

以前我問過王建民怎麼投球？

他說，一次投一顆球。一顆一顆投。

你說，廢話，誰不是一次投一顆球？

我跟你說，很多人不是呀，很多人想一次投三顆球，把對方三振呀，很多人想一次投九顆球，把三個打者三振，好換下一局。更有人想一次投完九局，投二十七個打者，投八十一球。

這樣想的投手，都投不好。

每次只把眼前的這件事做好，認真地做好，做好後再去想下一個，把下一個做好。一球一球投。

任何案子，你都盡可能地再多想一個idea，再一個，再一個，就跟舉啞鈴一樣，覺得不行時，那就再一個，一個就好。一次都只做一個。

我到現在，還是一樣，對每件事都一球一球投。伏地挺身也是一次一下，引體向上，也是一次一下。

我們常說，有些人才，不可多得。

我自己給自己的解釋，就是不要想要多得。

一次就做好一件事，不要貪心，不要左顧右盼，不要想抄近路，那很容易車禍，更不要想投機，那是小偷，不是你。

不可多得。

你也可以。

然後，再讓別人說，你是不可多得的人才。

你自己不用說。

你沒空說，你還在舉啞鈴，你要一次一下。

文案是⋯⋯

偶爾開天窗也不會死

當代最強的insight

希望自己多一點耐性？

朋友那天很困擾地說，她在工作上遇到很麻煩人的麻煩，希望自己多一點耐性。

大家紛紛關心怎麼回事，她娓娓道來，原來她的工作是設計，最後成品得從她這裡出去，可是，往往隔天要出稿了，但工作夥伴遲遲沒有給文案，她得三催四請，直到半夜十一點半，還沒有半個影，害她常常得非受迫性地加班。

她實在受不了接二連三、常態性地被耽誤，終於忍不住在公司裡發脾氣，指責對方。但話一說出口，就後悔了，她希望自己能夠改善，多一點耐心，以後說話不要那麼衝。

一個曾經做為文案的我，當然心頭一驚，先想想自己有沒有那樣的壞紀錄。

以前，我常常來回想標題，雖然一直覺得不夠好，但總先硬著頭皮在期限之前將標題和內文給夥伴，讓人家先把稿子做好。那是基本的工作準則，離專業很遠，但至少入門。

只是，我會繼續來回雕琢，反覆思量，直到提案前，還想著標題怎樣才好。我大概十次會有一次，會想調整。不過，那真的還好，只是換字，不太麻煩；很麻煩的時候，可能是標題是手寫的，比方說，以前做NIKE的廣告，很常用毛筆寫標準字，用石頭在粗糙的牆面上劃出標題。那麼麻煩的，我當然就不敢輕易麻煩人家，都自己用電腦其他選擇打出來，印出來。

後來，自己當導演，常常腳本都提早整理好，在期限前提早給製作公司，讓對方可以有時間消化。只有一次，在去開會的路上，突然想到更好的，就在會議室現場直接提出——投影幕上的標題，和早印好的紙本不一樣。當然我會好好地致歉說明，通常，大家也接受我的道歉，因為後來的真的有比較好。而且，只有那麼一次。

●只有一次的，「最後的，最好」

TOYOTA的微電影〈家族旅行〉篇裡，修杰楷帶孩子出門旅行，因為小時候爸爸也是這樣，長大後自己也學爸爸，鏡頭前他絮聒了一路細數帶孩子出門的不易，要帶尿布、濕紙巾、奶粉，有時會遇上暈車，有時得趕去急診室……最後觀看影片的人才會猛然發現，他帶的其實是年邁的父親，那個過去帶他出去玩的人。

最後的結語，原本是「家族是場旅行」。

當我開車去客戶公司提案會議時，我想著，前一天載著女兒出門去，問她想去哪裡玩，她只會回答「跟把拔玩」，忽然想到，應該再賦予它進一步的意義。

於是，我把結語改為，「家族是場旅行，在一起就是目的地」。

當然，臨時想出的修正，腳本無法更動，我只能更動電腦上的檔案了。或許，也有人會覺得這樣的動作不專業，怎麼可以讓客戶手上拿到的紙本和會議室裡的投影幕上不相同呢？那，要是我來判斷，就會乾脆也不要給客戶紙本。

因為我提案時，也不會先發紙本，我要對方放下一切東西，只有看著我，只能看著我，看著我講故事，看著我聽故事，專心地想像，沉浸在故事裡。

對我來說，有沒有紙本根本沒差，故事好不好才是重點，那句話夠不夠力量才是重點；我發現，對客戶來說也是。

不過，我還是對造成別人困擾感到抱歉，那當然是別人無須忍受的，我應該要在期限內做得更好，而不是期限外再延伸。

我希望品質可以更好，所以，盡其可能地要求自己，並在不麻煩、不動用到太多資源的狀態下，完成我想要的修改。我只需要動我的電腦檔案，沒有人必須被我連動（連累）到。還有，我會知所節制，不輕易地更動，盡量要求自己早點想出好的，除非，真的很好，我不輕易提出修改。

雖然我們會以為「最後的，最好」，但最好，只有一次。

不然你會被怨恨，你會是一個造成別人困擾的人。

工作已經不容易了，沒有必要去為難他人，更不要變成他人的難處。我時時提醒自己，只能偶一為之。就算偶一為之，也要時時感激，不斷稱謝，因為對方為我付出了額外的工夫。我侵犯了他原本可以跟家人團聚的時光，我減少了他睡眠的時間，我讓他少跟妻子、丈夫說一句甜美的話語，我該感到抱歉。我甚至覺得對方要是那天有些壞情緒，我得負上些責任。

那是職業道德。

但，當我緊跟著搞清楚朋友狀況後，發現朋友遇到的和我發生的，大大不同。

●每天都在被耽誤中度過每天？

原來，朋友遇到的是，沒有。

什麼叫沒有，我追問。

就是沒有任何東西，不是像你說的還想調整，是完全沒有東西，沒有文案，沒有商品圖，沒有，什麼都沒有！

啊？

我才搞清楚，原來，朋友的公司組織結構跟廣告公司不一樣，不是在創意部裡配置一個文案搭配一個美術設計，他們是業務部的企劃兼文案，而她是在設計部門。換句話說，兩個是在不同部門，而對方必須要提供產品資訊、廣告文案，但時間到了，卻一樣都沒提供。

如果她需要提醒業務往來的細節，只好跨部門地跟對方提醒，甚至寫email給對方主管，但這樣也沒用。對方主管還會反問說：以後可不可以早點來提醒？

我感到十分驚訝。

朋友說，她兩週前就開始提醒，每天提醒，一直到必須開始作業的時間到了，對方還是沒有給出應繳的東西啊。並且，這明明是你們該做的工作，為什麼要提醒呢？這不是推卸責任嗎？

而這狀態已經一次又一次發生。

朋友說，後來，就會有更高階的主管出來，看到東西不行，要立刻改，然後，把所有人罵一頓後，全部的人再加班。但朋友是負責最後成品出來的人，所以，她一定會加班到最晚。

然後，下一次，再重複。

聽起來，朋友已經用各種方式反應了，也尋求更高主管的幫助，但結果似乎沒有改善。這已經不是品質的問題。是沒有東西，是沒有制度，沒有時間觀念，沒有對工作盡責。

你是不是在職場裡也有這樣的同事？也面對同樣的困擾？認真的人做死，打混的人快活，然後，主管似乎無動於衷。怎麼辦呢？

你覺得，這是多一點耐性可以解決的嗎？

●每天都要大發脾氣？

現場有人聽完，立刻建議朋友：「妳應該大發脾氣。」「有啊，我發脾氣了，我用比較嚴厲的語氣指出問題，結果幾次下來，好像我是一個很難相處的人，在各部門間，似乎我就變成一個難搞的人。」「可是這樣問題才會解決呀。」

朋友說：「沒有啊，就是沒解決，繼續發生啊，再下一個案子，還是這樣，所以，我繼續發脾氣，然後覺得自己很不舒服。」「可是妳發脾氣了，那就爽。」但朋友卻表示：「我其實沒有比較舒服，還是得平復心情後，才能專心做稿，而且那時候時間已經很晚了，我覺得我的身體受不了。」

我說，發脾氣這事真的得看人，我以前遇到也是會發脾氣，可是發現這樣好像並無法解決對方所創造的問題，甚至，我自己會帶著那怒氣，到頭來那怒氣會減損我的創意能量，讓我做不出好的東西。

那，該怎麼辦呢？

● 笨蛋也有工作權

我想到，之前我安慰家人的方法。

如果你的工作能力不錯，態度也很好，那，很有機會，你會在職場上遇到許多笨蛋。因為如同前提，你比其他人優秀，所以顯露出來的意義，別人可能相對是比你弱的。你要抱怨別人比你弱，也是沒問題，不過，那可能只是事實，你抱怨事實，又何必呢？

最重要的是，當你忿忿不平地在這裡向你的朋友抱怨，自己仍舊在為了白天的事在痛苦難過時，你抱怨的對象，可能正在唱歌喝酒，開心地享受人生，完全沒有意識到你的怨氣哦。退一步來說，他們也許不是笨蛋，可能只是一般人，但就生物學來說，常態分布底下，一般人本來就會占多數呀。

如果，你提醒自己，笨蛋也有工作權，會不會讓自己好過一點？

當然，笨蛋只是種口語化、用來自我安慰的說法，不是對方真的智商低。我們多數人的智商差異並不大，智商高也很多在職場裡是笨蛋呀，智商低但智慧高的，也所在多有。

認同笨蛋也有工作權，只是為了讓自己好過一些，好讓自己知道正常的工作環境裡，本來就有笨蛋，那不是太新鮮的事，不要大驚小怪，更不需要大呼小叫。

●該開天窗就讓它開，天窗都不開也會壞

同事做不好，你可以支援，你可以選擇你舒服的方式指導，也可以選擇不。

我的習慣是，為了自己工作順利，我會出手相助，或出言輔助。但對方若態度差，不願領情，那也不用忙，你還有很多生命的意義要追尋。更不用太過度在意對方的失職，只需要呈現對方失職就好，自己的情緒不要涉入太多，充分表達開天窗的責任歸屬。

時間到該開天窗就讓它開，天窗都不開也會壞。

以朋友的例子而言，要是我就會試一次，沒有拿到應給的內容，就不產出應要產出

的東西，看看主管們會不會緊張。

你可以提醒夥伴，並且做到任何你覺得該盡的義務，同時寄發email時也CC（副本）給其他主管。但你也不需要一直救火（除非你是在消防隊工作），否則，該發生的就讓它發生。你不讓它發生，大家這次、下次、下下次都還是覺得你杞人憂天——不如，就讓天塌下來吧。

該開天窗，就讓它開天窗。

開了天窗，大家才能說亮話。

你的主管領得比你多，他得解決這個問題，如果你解決不了的話。

● 降低標準，忽略對方？

也許，也會有人覺得忽略對方的問題，就一起擺爛過日子，上班有領到錢就好。

這個也不錯，我也試過，只是會有個小麻煩，就是你得降低你的標準，你得視而不見，那些顯而易見的不符標準。時間短還好，你會覺得，做得輕鬆寫意；時間長一些，你會發現，你的能力降低了。那也沒什麼，就像你本來可以一次做一百下伏地挺身，現在都只做十下。超省力的。

不過，要小心的是，台灣目前為止，多數的公司壽命都比個人的職涯來得短，也就是說，你的人生，多數得面臨要換公司的問題，不是因為你要換公司，而是公司會滅亡。

可是你長時間的省力，可能會讓你變得沒力。

更別提，整家公司都在追求省力，這樣的公司，可能很沒力。

這樣的公司很容易消滅的。

而如果下一家公司，只要有力人士呢？

●不同工不同酬

下一個，我們很常說，同工要同酬，那也表示，我們同意「不同工就該不同酬」。如果你的付出較對方多，你的升遷、你的職位、你的報酬、你的工資、你的福利，都應該要因為市場機制的關係，而被重視和肯定。

如果沒有，那就不是你的問題了。但你得離開這個問題。

（這段寫短一點，免得大家看了，都立刻離職。）

●你給我記住

我曾有一個經驗，我和妻剛生孩子時，有位遠房親戚對我妻帶孩子的方式說三道四，明明她也是新手，卻有許多理論，還要時不時地刺激、暗諷我妻，搞到妻常覺得自己是個不夠好的媽媽。我知道後，除了請妻不要放在心上外，更是憤憤不平，覺得為什麼要忍受這種無理也無禮的對待。後來，我就把那些感受想法都記下來，寫成了一本書。

對於眾多在工作領域裡受傷的你，我有個建議，就是把對方的瘋言瘋語，胡亂作為拿來當你的養分，你可以把它變成作品。

你回頭看這篇文章裡的每個小標，是不是都可以成為一個廣告素材？是不是都可以給「茶裏王」用？且不只這個茶飲料可以用，幾乎任何品牌都可以。

「每天都在被耽誤中度過每天？」你應該出國旅行了，現在就改變今天。
「每天要大發脾氣？」快來罐雞精，補充流失的元氣。
「降低標準忽略對方」，不用降低你的美學標準，快買件上衣，讓對方無法忽略你。
「不同工不同酬」，命運大不同，有保險才最保險。
「笨蛋也有工作權」，你……一定是某人眼中的笨蛋，不管啦，晚上就是要來一點酒精，消消白天的毒。

好了，例子舉到這，我只是想要鼓勵大家化悲憤為力量，再次強調，職場裡大家都很痛苦，既然如此，**你眼前的痛苦，一定也是大家共同的insight，在火大的同時，別忘了記下來，好好利用。**

把苦痛拿來當創作素材，看誰比較超脫，誰知道用NIRVANA（注），誰就勝過世界。這才是嗆聲「你給我記住」的最高境界啦，讓世界也都記住，否則，你的嗆聲只在兩人之間，弱弱的。

世上最強的insight，就是此時你生氣的點，千萬別浪費呀。

你給我記住。

注——NIRVANA是我最喜歡的搖滾樂團，台灣翻譯做「超脫樂團」。

文案是⋯
做個令人懷念的人

關於KOL，我們都在學

對KOL的迷惘

週末在咖啡館偶遇前同事，興奮地聊天打招呼，唏哩呼嚕，講了一堆垃圾話，但看他們一位、兩位、三位、四位，欸，這樣不是一組嗎？假日還聚在一起，莫非是要加班？結果，果然是，實在辛苦。

他們在討論著KOL（Key Opinion Leader，關鍵意見領袖），聊起現在做行銷的辛苦，因為要提給客戶KOL人選，但客戶跟我們一樣，其實也並不熟悉。雖然每位KOL有各自可觀的粉絲數，但因為不是那麼常出現在大眾媒體上，因此做為一位普通的閱聽者，是很有機會完全不清楚某一領域的KOL。

問題來了，你要讓企業決策者選擇某位KOL，可是他又勢必會完全不認識對方，更不提這跟過去學院訓練、企業培養多年的實務經驗幾近無關，彼此都在摸索。也就是，你還得幫這KOL做個人履歷，好介紹給客戶。

這樣的提案，實在困難。

●唯一知道的，是未知

不了解KOL的操作方式，不清楚KOL的優劣評估方式，更不確定KOL的利益和風險。你到底要如何突然間了解一個人，並且去判斷這個人對你的品牌有益呢？當然，每位企業主都有面試人的能力，可是，今天你不是找KOL來當你的員工，你是要請KOL來參與你的品牌建構。

而他有他的路數，或許連他自己也都還不太確定的路數，可能下個月就會改變，也可能他的粉絲在下個月就不再在意他。

你無法掌控情況，可能KOL自己也是；對於代理商來說，這也是難題。

每一位行銷相關從業人員，都很清楚自己的角色，也很希望做好自己的工作職掌，只是，在這時代，多了一點點挫折感。你費盡心力，花了幾十個夜晚，來回思辯，竭盡大腦裡的灰質與白質細胞，卻不一定被appreciate，這不是很難受嗎？

只因為你現在鑽營的是一個更多不確定的領域，你的付出確實有可能是無效的。

——你知道，雖然天空中看起來很多星星，但事實上，宇宙中黑暗空無一物的地方，比起星星來得大很多，你很有機會在努力航行後，卻發現那方向什麼也沒有。

過去代理商們只需要好好思考一個強壯有力的idea，而這idea的發生是有意義的，是來自於對市場的競爭態勢了解，加上對趨勢變化的掌握，還有對社會人心幽微處的觀察，然後結合品牌的長期精神，提出一個有意義的主張。

那些是專業，是商學院教授們花時間寫書研究出來的，是業界多年來從案例中歸納得出的結論——在這看起來像荒漠的大海裡，那些似乎多點可依靠。

突然間，那些準繩，你都拋棄，你在海中漂動著，你手裡要抓什麼呢？你手裡又抓到什麼呢？那個不安全感，對於每一個專業人士來說，都是確切存在的，只是也許嘴上不說出口，深怕被人看輕。

不過，比起來，看輕也沒什麼，我覺得看清更加重要。

● 一種行銷工具

也許，不需要過度妄自菲薄。

KOL或許也可以看待成一種行銷工具，就跟傳單、廣播、電視一樣，也許人們收看的習慣不一樣，但人心關注的一樣。

人們在意的，還是你能不能提供他關注的事情——有時是故事，有時是議題，有時是議題帶來的故事。

KOL影響力雖然大，也許對於當下發生的流行有所掌握，但對於行銷層面的人心掌握，或許還是要靠專業累積。這不是KOL的強項，也可能不是他們能即刻占滿的地方，你還是有你專擅之處。

說起來，你懂你的商品，你也懂你的商品沒人想關注的地方。你，一定比那位KOL更懂你操作的品牌在這世上的待遇。

KOL的故事要是剛好適合來講這品牌的故事，那很好；若不是，那就不需要太勉強，就跟你可能最近不太買傳單媒體一樣。傳單沒有問題，只是剛好你現在沒有好的idea用它。KOL應該也是。

當然，如果有好的方式，你也該用。

你不必過度心虛，覺得自己什麼都不懂，事實上，大家都是一樣的，KOL本身也是，更別提他們或許本業是創造自己的瀏覽數，而不是品牌的忠誠度。

● 橋接

也許你的老闆會要求ＫＯＬ既有的瀏覽數，那當然是個可參考的指標，不過，也要思考一下，那或許也只是個粗淺的指標，**那只是他曾被多少人看到，不代表他能讓你的品牌被多少人看到**。

更別提收看的粉絲若講起忠誠，可能是對這位ＫＯＬ，而很難轉移到你的品牌上。除非，再次強調一次，除非有個精采的idea，做為橋梁，並連接兩個不同心理狀態的人，以此「橋接」消費者和你的品牌。我常覺得，「橋接」也是我們的工作描述，更可以說是我們的價值所在。也許無法做到同理，可是，可以關心。讓人稍稍關心你的品牌發生什麼事，發生什麼故事。

不到在意，但可以在線，跟品牌操作者在一條線上，一條接近頻率的線上。那個東西，就是橋接，就是我們在追求的idea。

我不認爲，這件事有改變。若是沒有做到這一點，那麼投入的行銷資源，比較像是做在KOL上面，而不是你期待的品牌上面；idea如果強，一個沒人認識的KOL，也可以為你的品牌帶來極好的溝通優勢。

怎麼說呢？

很簡單，我拍過的微電影，故事強壯，就會有許多人瀏覽分享，而其中的演員未必是知名偶像；反過來說，我們也看過許多知名偶像拍的片子，無人知曉，無人討論。當然，要是有好的故事加上好的演員，效果當然更可以期待，不過，核心還是在故事，也就是idea本身，只有idea能橋接品牌和觀眾。

但是要如何判斷這個做為橋接功能的idea，可不可以串連KOL和你的品牌呢？

我覺得，可以用一個方式來思考看看。

餘味

日本電影導演小津安二郎，做為偉大的時代大師，執導了電影《東京物語》，影響了整個東亞的文化美學，至今仍是所有影像從業人員一定要好好學習的教科書等級。他曾經提到，「任何好作品，重要的是，留下什麼餘味，那決定作品的高度」。我們雖然處在一個倍速前進的時代，可是我依舊相信，人們反而更加在乎，什麼是可以留下來的東西，那個在時代淘選中，堅定的存在。

餘味，就是當你跟好朋友聊完天，各自道別返家，在路上，你心裡還在回想剛剛的話語，還在想重溫剛剛那段美好的溫度，還在想朋友的難題和你勉強提出的答案，還有對方明知不可為卻裝出欣然接受的神情。你想著，並且在之後懷念著。

餘味，就是你在外地讀書，中間放假回家，離家時提著爸媽給你的食物、行李，吃力地爬上往學校的車後，穿過人群，把大包小包往頭上腳邊放，扛起塞好行囊後，好不容易在座位上安頓下來，那個忙亂後突然間出現的平靜。當你背靠上椅背，看著窗外，真的意識到自己離開家了，那個你正在沉澱的時光。

餘味是，你知道的，你應該試著做到的。

今天不管是要用一支三十秒的廣告、十五分鐘的微電影，或者五分鐘的ＫＯＬ影片，我覺得，都可以去想一想，你自己看完這支影片後的餘味是如何？那決定你的品牌在人們心裡占的空間。

是毫無餘味，是臭不可聞，還是心頭暖？那都是你可以感受得到的，那都是很清楚的信號，讓你可以去判斷這個使用ＫＯＬ的idea是不是恰當。

以前《文案發燒》（*Hey, Whipple, Squeeze This*）裡有個趣味的例子，一位創意部的成員在經過幾天思考後，大聲地跟主管說他想到一個好idea，主管也很興奮地等他分享，結果，他的idea是這支片可以找某某導演拍。

但，這不是idea。你要找他拍什麼故事才是idea。

KOL的運用也是。你可以考慮用餘味來判斷。那不會太差，至少，當你的孩子問你說為什麼用這個KOL時，你回答得出來。你覺得這個idea有想法，能反映這時代，還有你覺得，這個作品的餘味，可以超越時間，甚至超越這個KOL的賞味期限。

最重要的是，餘味代表你的品味。

沒必要為了工作失了品味吧，不是嗎？

● 做個讓人懷念的人

我已在天上的爸爸，生前曾有一天，把我叫到床邊，語重心長地跟我說：「我看你，這輩子大概沒有機會成為有錢的人，倒是可以試著做個讓人懷念的人。」

我一直放在心上，雖然老是做不到，更是做不好，但我盡量朝著這個方向前進，至少眼睛盯著，不讓自己偏離航道太多，雖然進度有限，很常被大風吹偏，甚至倒退。看起來不像，但我確實是想著這件事在做事的。

我覺得，品牌也該是這樣的一個人。

KOL的操作也是。

讓品牌做個讓人懷念的人。如果不是，那應該不要做。

就算看起來眼前多麼會得益，那不長久。甚至那令人不快的餘味會留下來，因為是網路時代，所有東西都還會在，不因為媒體走期結束就不出現在螢幕上。而當你下架那影片時，對不起，恐怕也有人備分了，那是另一場公關危機處理的開始。

品牌該是個讓人懷念的人。

不管今天是誰在操作。

文案是⋯

把被討厭的核心練強壯

謝謝，只叫

黯然神傷

我有位要好的朋友，昨天發了一篇文章。內容大致是關於寫作，收到一些嚴厲的指正。她甚至跟與她簽約的出版社編輯道歉，說希望沒讓對方蒙羞。她還說，文筆或許不佳，但可以更努力。然後，她貼了張照片，是那本書的側面，貼滿了書籤式的便利貼，彷彿盛開的花朵。一片片的便利貼，就像花瓣綻放，澎湃異常，幾乎占滿整個畫面，雖然看了叫人不捨，其實從視覺藝術角度來看，滿美麗的。

她寫說，那些貼滿的地方，是她覺得寫不好，或可以刪掉的地方。她在世界閱讀日的這一天，深深反省著。

我補充一下背景。我認識這位朋友正是因為那本書極具影響力，不只是再版多次的暢銷書，而且幫助許多人認清自己的個性，並依這認識去面對殘酷的職場。從我的角度，這幾乎可稱為善行，因為每位買書的讀者都可以被視為一個被幫助的靈魂，而每個靈魂的自信滿足與否，其實，也代表著一個家庭的快樂程度。若一個家庭人數是四人，便是讀者人數乘以四倍，影響的人數頗為驚人。更別提，以台灣人口組成的樣態，想必缺乏自信的人是多數，那麼，這樣一本書，更可確切地幫助到競爭力，實際強化國力。

噢，我再補充一點，除了叫座，極為暢銷外，這書也叫好，經過幾位大師評選，嚴格地篩選討論後，這書被選入值得代表台灣介紹給世界的十大年度選書之一。

●似曾相識

而這樣的書被批評，指出某些字句完全不通順、狗屁不通（我沒開玩笑，真的是這種字眼），我知道後，第一個反應，是光火；第二個情緒，更有趣，是似曾相識。

請容我倒過來講，先談第二個情緒。

我想說，奇怪，為什麼我覺得「似曾相識」啊，我是在哪裡似曾相識呀？想了老半天，我想出來了，是每天的下午兩點。

2PM的忠實追隨

有一段時間每到下午兩點，我都會準時收看一個節目，而且從二〇二〇年初到如今我已經連續收看四個月，成了忠實觀眾。我甚至要求任何會議都盡量避開這時段，以免影響我收看這對我來說不能少看一集的重要節目。我猜，在台灣也有不少人，跟我一樣不看不行，不看就覺得怪怪的，就無法繼續日常生活和工作。甚至，還會在不得不開的會議裡偷看，並把劇情透漏給其他會議成員，大家不但不會怪罪我打斷會議，還謝謝我的分享。

這麼一個風靡全國、引人入勝，培養出一群忠實觀眾的節目是什麼？大家猜到了嗎？

我相信很多人都猜到了，是衛福部的記者會。

你一定也跟我一樣關心，不管是每日新冠病毒（COVID-19）確診人數，或是新的防疫措施，或者不斷進化、推陳出新的口罩領取方式。你為每位坐在那提供我們重要資訊，但表現謙遜毫不擺架子的公僕們感到佩服，更為他們扛住高壓做出判斷而感慶幸，慶幸自己在有他們的國家感到安全、光榮，更常為他們徹夜未眠的篩檢、疫調工作感到不捨。

他們的成績舉世皆知，而且卓越出眾，在COVID-19於二〇二〇年肆虐全世界時，各國急於學習效法，名人如比爾蓋茲、芭芭拉史翠珊都直接指名台灣的防疫成就，什麼都沒做的我們，似乎也跟著與有榮焉，走起路來抬頭挺胸了起來（好啦，可能只有我啦，哈哈哈）。

剛剛，我才又看到世界級的藝術大師奈良美智在推特上感謝蔡英文總統，謝謝我們提供的口罩，吼，我驕傲地轉貼到我的臉書上，立刻。

這樣一個努力優秀的團隊，在所有人類都同樣未知的危機中，卻能夠一次又一次地帶我們挺過難關，卻依然每天都有人嫌，有人抱怨批評。對，就是這個，讓我感到似曾相識。

做到流汗，嫌到流涎

我想，創作者都得面對這題，就是批評。而且，沒完沒了。簡直跟衛生福利部疾病管制署的官員們一樣辛苦。但是，我想，仍舊有極大的差異，那就是，公務員受僱執行公務，一舉一動都影響公共安全，一不小心，都是人命關天，自然每個細節都得被放大檢視，永遠有改進的空間，永遠得留意是不是能保護到每個人的權益。以這次的疫情來說，更是性命交關，關乎生存權。

但創作，不是。

任何一個作品的誕生，對這世界，都是正分，沒有必要，也不用被嫌到流涎。

不要誤會我的意思，我不是說創作不能被批評，而是創作者該有自覺，你創作了，做出作品時，你就可以驕傲。因為沒有你的話，就不會有這作品，你要跟「沒有」比，跟「零」比較。任何評論都是建立在正分上，而不是負分。你值得被肯定。

因為**你做的是創作，你創造了這世界上沒有的東西，世界應該感謝你**，因為沒有你就沒有這本書。

因為你不做不會怎樣。

這不是你的義務，是你對世界的慷慨，是你在淨灘，你在扶老婆婆過馬路。我們不會去批評一位淨灘的義工說：「嘿，你淨得不夠乾淨，那個沙子底下還有一個小瓶蓋。」更不會說：「你扶老婆婆的時候，有沒有講好聽的笑話給她，讓她今天都心情愉快啊。」若有人這樣說，你會覺得，對方「是在哈囉」。你做到流汗，對方嫌到流涎。

我要提醒創作者的是，我們都要認真創作，面對自己的作品要盡全力地認真，但是不要過分在意別人的批評，因為創作是自己的事，要對自己負責。你多少要有點「無視」的能力。這樣說好了，你做得滿身大汗，拿起毛巾，是要擦自己身上的汗水，還是擦那嫌你的人嘴邊的口水啦？

後者我是不會去做的，因為太噁了。

● 創造力的回應

我常覺得每個作品有屬於他自己的生命與際遇，一本書在撰寫過程裡，勢必會經歷千錘百鍊，可是，時間到，當他離家遠行時，我們就該揮手跟他道別，並且在他的身影漸行漸遠時，轉身回到桌前，面對下一個作品。總不好鄰居說了幾句，就把孩子叫回來整形吧，孩子大了，有他自己要去面對的世界呀，我們該做的就是祝福。

只有想要寫的新書，沒有該檢討的舊書。

當然，廣告工作可以檢討，但若是要檢討、改善已在世上傳播的作品，其實無益於事。檢討是為了讓我們創造下一個更棒的作品。所以，**面對批評，具創造力的回應，就是用下一個作品直球對決。**

你批評的若有道理，我就在下一個作品改善，不讓相同狀況出現。你的批評我若不認為有道理，我就在下一個作品再讓它出現，甚至變成重點，大做特做，誰知道呢？你看不順眼的，我可能引以為傲，因為是我想出的獨特點子，要是多做幾次，累積久了，還會成為我的風格。

另外，我也想建議批評的人，也許可以有個創造力的批評方式，那就是——你就自己寫一本呀。

你看不過去，看不順眼，那就用你認為好的方式，自己做出一個作品來，證明你的觀點是對的，那不是比較有趣，也比較有創意嗎？否則，只有批評別人的作品，自己卻不想去產出，難免有點像在說「要是我有比爾蓋茲的財富，我就要拿來做什麼什麼……」，啊你就不是他呀，他本來也沒有那些財富。

最重要的是，人們比較關心的是，當你就是你，你又做出了什麼呢？誰被你影響到了？你改變了世界哪個困境？

從廣告創作的角度來看，更是如此。

你行，你來喔

之前面對ＷＨＯ和世界疫情，台灣有團隊發起線上募資，在媒體上刊登廣告，結果在極短時間內達標並超出許多，我感到很佩服。不過，我也看到許多批評意見，最常見的是，這筆錢可以拿來做其他運用，或者買報紙媒體沒有用啦，或是對文案內容的批評。我覺得都很好，而且團隊有提供一個公開信箱，任何人都可以提供好的想法給他們參考。

但，我要先提醒，這是募資活動，換言之，並不是國家預算，並不是人民納稅錢，所以大可不必用立法院審預算防弊的態度，這不是你繳的稅被亂用。

你如果沒捐款，其實也不用大聲批評，因為募資方一開始就說明了使用目的，而捐款者理解也認同了，沒出錢的你去批評，就像你去批評樓下鄰居他們家換洗衣機的品牌一樣，有點奇怪。

再來，要是你真的看不過去，或對文案不滿意，就自己寫好一篇，寄到那信箱去，大家有錢出錢，有力出力，也很美好。那團隊不是你聘僱的，你不必用檢討的角度。他們是多做的，他們大可不必做，花了時間還要被批評。

最重要的是，如果真的一定要照你的想法做，也是可以，你也有選擇，你就另起一團，發起募資。人們覺得好，覺得有道理，被你驅動，就會加入你，參與你，你就是位有創造力的人，這才是有創造力的回應。

你行，你來。
你不來，是不是你不行呢？
不，也許不是不行，只是因為在旁邊叫，比較輕鬆。
但，那不是創作者的長相。

●零負評的假象

最後，我仍想提醒每位創作者，你知道如何得到零負評嗎？
就是什麼都不做。你不要上場就好。
我做的佛跳牆也是零負評哦，因為我從來沒做過。
什麼鬼呀，不上場，不出賽，就可以是完美的零負評；但，就不會是創作者呀。
站在打擊區不揮棒，也不是就沒事，你就是沒產出的創作者，你還是可能被三振的，嗚嗚。唯一的可能是，你連上場都不要，最好，遠遠的，看到球場就繞開，這輩子沒有屬於你的比賽，沒有屬於你的球場。你有能力，但你選擇追求零負評，害怕任何批評，避免任何失敗的機會，就很有機會一事無成。

這樣，你一定會零負評的。

只是，你不是個player，你也不是個創作者。

●「謝謝，只叫」

有一次，我去旅行，結果，在某沙漠邊緣，小巴士的輪子掉到沙坑裡，車子怎麼樣都開不出來。我們下了車，幫忙把成堆的行李卸下來，一個個在旁邊堆成座小山。

大太陽下，滿頭大汗，四處找可以增加輪胎摩擦力的東西，大片的樹葉、成塊的樹幹，我們鑽到車子底下，用力地試著把這些墊到輪子下，好讓車子可以開出來。但從一開始就有個聲音：「怎麼辦？怎麼那麼不小心，我們會不會死在這裡……」同行的一個團員，很是焦慮，不斷抱怨。

好不容易從附近終於扛來樹幹、樹皮，「拿那些幹嘛啦，有用嗎？……」他在原地不動，手搧著風，嘴裡沒停過。

當我滿手都是髒汙，趴在車子下，身上滿是沙子，費力地想辦法把樹幹推進輪胎下，「那麼麻煩，沒用的啦……弄過去一點啊。」那聲音沒有斷過，我滿臉全是汗，眼睛瞇著，不知道是沙還是汗，刺得我眼睛痛，但我還是想辦法，把樹幹推進去那小小的細縫。

終於，隨著輪子猛力旋轉，靠著樹幹的摩擦，開出了沙坑。雖然揚起的沙子，剛好噴了我一臉，但總算解圍了。我爬起身，拍掉身上的沙子，再接力把堆成小山的行李，一個個搬上小巴士，「真是的，好好的，怎麼弄成這樣……」他還在原地搧風，嘴巴繼續唸著。

「你都不幫忙，只在那裡叫叫叫。」終於，有個手上拿著比她身子還高的行李的女團員，大聲地回應他。

創作其實是在幫世界的忙。

你怎麼不幫忙，只在那邊叫叫叫。

有能力的我們還是戴上頭盔，勇敢地上場吧。有能力是種幸運，就該分享給世界，否則是種自私的表現。當然，遇善意的批評就盡量學習，帶到下次的打席上，做出更棒的作品。

至於其他非善意的批評，就有禮貌地說聲——

「謝謝，只叫」！

II

我不知道、你不知道

你有義務
傳達好事發生

有人又真又活，你呢？

便宜的人

這是個物質的世界，關於物質的事，我們從小就在學習，不管是存錢節儉，或是努力賺錢，我們受的教育都很充分且足夠。

許多人，在還沒識字前，就已經認得車子的品牌，還很清楚，什麼車貴，什麼車便宜。

許多人，在已經識字後，仍舊只認得車子的品牌，只是清楚，什麼車貴，什麼車便宜。

這沒什麼問題，唯一的問題是，相較於我們對物質的知識廣博，我們對於相對來說屬於另一邊的精神／心理，在意的太少，生命裡，著墨的又太淺，而遺憾又太多。

空洞的，除了一直以為的財務外，可能心理上才是個最巨大的黑洞。

我們總覺得物質重要，不斷努力地充實關於物質的知識，深怕自己沒錢會死，而實情是，有錢也會死，更多時候，還是寂寞得要死。

我們擁有各種專業，在生活領域裡，精巧計算。絕不容忍一點被占便宜的可能，更絕不錯過占別人便宜的可能。

想方設法，讓自己得到便宜，然後，讓自己變成了個便宜的人。

這樣好嗎？我擔心著自己。

●「那是我幹的」

我讀著鮑伯．戈夫（Bob Goff）的書《為愛做點傻事》（*Everybody, Always*），更加深切地意識到自己心靈的貧困。

這個鮑伯滿臉大鬍子，笑口常開，最愛捉弄人，並且一定要把事情搞大，根本不在乎有多麻煩，有多不符合時間成本。

我喜愛他照顧癌末鄰居凱洛的方式。

隔條馬路的鄰居凱洛來到生命的冬天，而最後的日子已經靠近了，不管是醫生或者是自己，都很清楚。但，你會怎麼回應病中的朋友呢？

「嗯，不要多想，你好好照顧好身體就好。」

還是，「別鬧了，你這身體怎麼出門？」

但他回應的是：「你有沒有很想去做，卻一直沒能夠做的事？」

於是，某天下午四點鐘，透過他們的無線電對講機，凱洛喊出「我們上！」鮑伯衝出家門，到對街，手上拿著幾個假橡膠鼻子和眼鏡。凱洛拖著虛弱無力的身軀，站在鄰居家門口，手拿著幾十個滾筒衛生紙，他們開始用力地惡搞鄰居家門前的幾棵大樹。他們像高中生一樣，奮力地把衛生紙往樹上丟，把鄰居的樹掛滿了長長垂下的衛生紙。

我看到這，瞠目結舌。

誰會陪癌末的朋友這樣啦？

但，誰又不該陪癌末的朋友這樣呢？

更妙的是，巡邏的警車出現了。警察下車來制止他們，並且質問他們怎麼可以破壞秩序。鮑伯回答他們，這是位癌末病人。我很難相信的是，警察竟也善解人意，接受了，打趣地跟凱洛說監獄日子難過，並放他們一馬。

我也不知道為什麼，我的眼淚就流出來了。

我想著，我們都那麼小心翼翼地對待病人，可是，我們有想過對方真的要什麼嗎？然後又想到自己，我們那麼小心翼翼地對待自己，可是又真的想過自己想要什麼嗎？會不會，偶爾，我們也該放自己一馬？好好放掉禮俗，好好地對待別人，好好地和人一起。

後來，凱洛已經虛弱到無法出門，但她會坐在家裡，吃力地舉起手指，指向窗外，樹上搖曳的衛生紙條，告訴朋友：「那是我幹的。」

我心想，這是多麼大的禮物呀，能夠給最後的最後的人，這樣的一起。

●小社區的大遊行

他還有做一個很白癡的事，就是每年辦一次社區大遊行。但為了讓遊行本身的企劃簡單一點，不要太複雜、花太多成本，導致之後辦不下去，那個遊行，就是社區居民大家出來走一走。

哈哈哈。

好北七的說法噢。可是，又真的很實際。

他們的遊行，就是從他家出發，沿著社區，大人小孩拿著氣球，小孩可能騎三輪車，或者騎腳踏車，上面綁鐵罐子，發出聲音來，然後，每一個人一起，慢慢地繞著社區走一圈。雖然樸實，但每屆還是會選出當年度皇后、國王之類的，就是個花車遊行的概念，只是社區版而已。

然而，每個平凡的社區居民都願意參與，因為很有趣，他們不是知名品牌，也不是什麼偉大的人物，但他們就是這個鄰里的居民，每天在這裡生活，當然是這個地方的成功人士。

這個行為的好處是，大家笑在一塊兒，不認識的人都認識了，認識的更會在這過程裡變熟識。我覺得，真是個好點子，讓大家平常就有機會聚在一起，不是為了一個嚴肅目的的會議。這樣凝聚社區的向心力，要是有需要討論合作的社區事務，當然就更有機會被推動。

最有趣的是，這一個沒有特定意義的遊行，就可以隨時賦予它意義。在凱洛離世前最後一次遊行，他們為了鼓勵已經病重無力走出家門的她，於是改變了遊行的路線。最後，整個社區的居民，全部站在凱洛的家門口，透過窗戶，替她加油打氣。

我光讀到這，就感動地落淚了。

● 一點點的小事

我以前會想做大事，結果發現卻變得一事無成，因為總是想著要一鳴驚人，反而做不了事。終於知道，我錯了。幾乎就跟跑步一樣，跑一個長跑，也是一步一公尺地跑，不是一步幾十公里。我後來盡量拜託自己，就做一件小小的事，但盡量每天都做它，然後慢慢累積起來。

我想，我寫書也是類似的狀態。

我有非常嚴重的注意力不集中問題，很容易喜新厭舊，無法在同個地方待太久，無法做一件事太久。可是，很奇幻地，我卻在六年裡寫了十二本書。

那是因為，我把東西拆分了。我先想說，寫完這句就好，然後變成，講完這概念就好，再來變成寫完這段就好；寫這一百字就好，十個一百字，會變成一千字，兩個一千字，三個一千字，最後變成一篇文章。然後，它們在一起，就變成一本書。

我猜，做一個人，可能跟寫一本書有點像。

就一個字一個字就好，它們會累積起來，然後變成一個故事，一個屬於你的故事。

不必把一生要怎樣怎樣掛在嘴上，只要實際地順服，就算一次三十秒也好。

這句是鮑伯說的。

● 先把那兩個字替換一下

接著，我要講的事，可能不太正確，但我還是想說說看，你們可以不同意我，但我是真心希望你也活得開心的。就是，假如你不是基督徒，我想請你先把《為愛做點傻事》書裡的耶穌，替換成「有人」。

例如，耶穌用三個簡單又看似不可能的觀念總結這概念，要我們遵行：愛他，愛你的鄰居，並且愛你的敵人。

自己微調為，有人用三個簡單又看似不可能的觀念總結這概念，要我們遵行：愛他，愛你的鄰居，並且愛你的敵人。

我會這樣說，是因為我發現這本書寫得太好了，不只基督徒該看，非基督徒更該看，因為，它就很好看啊。有趣好笑又充滿人生道理，看到賺到，沒看到就賠到。而這不應該因為你還不是基督徒就沒得享受到。

因此，我覺得，要是你對於這類福音書籍，還不熟悉，甚至有點排斥，可以自行將耶穌，替換為「有人」或「某人」。

我的意思是，你會發現作者的這個「有人」滿好的，你也不必急著知道他是誰，你只要知道他可以帶給人什麼有趣的故事。

我試著這樣推薦給我的一位編輯（儘管，或許有點不符合標準程序），但因為我喜歡這位編輯，我希望不是基督徒的他，可以跟我一樣享受到這個故事集，可是又怕他因為害怕過度嚴肅，而放棄讀這書，那真的很可惜。所以，我跟他說，你不用先看作者簡介，你直接看故事，然後，自己替換那兩個字。

如果可以，我也想幫忙把書裡的那兩字，先換成「有人」或「某人」，然後在最後一頁，再告訴看完書並引頸期盼的大家，這位「某人」的名字。我猜，在這個基督徒人口只占不到十％的國家，應該會有更多人讀完這本書，並在讀完後，更想認識這位「有人」。

那名字如此神聖，我們不應該妄稱，更該在人們景仰、佩服的時候，才好好地讓他的名字被提及。

不過，我也必須說，我會這樣想，是鮑伯給我的啟發。

●文案的學習

我是基督徒，但多數人不是；是基督徒也沒什麼了不起，很多了不起的人都不是基督徒。但我覺得有個東西可以拿來想一想。

是傳播。

《聖經》裡說，不傳福音就有罪了。當然這是針對基督徒而言，你不知道這件事，就沒多大關係。我的重點不在有沒有罪的神學討論，而在把這件事看待成一件嚴重的事。

當你知道一件對人們有益的事時，你就有傳播它的義務，你若沒有好好地把這件事給傳出去，你就有責任了。

我把這個看待成一個文案對自己的基本要求。

注意哦，是對自己的要求，不是對別人的要求。我們的世界已經有太多正義魔人，沒有正義，只會魔人，把別人妖魔化，也只會磨人，把人們的耐性磨掉磨平，再也不想做點什麼，因為做點什麼都會被批評謾罵。

要求，只能對自己，不該對別人。對別人的，叫做請求。

就跟你可以支配你的金錢一樣，但如果你想要支配別人的金錢，就要用拜託的，而且別人可以拒絕你，拒絕了你也沒道理哇哇叫。那是別人的金錢，同樣的，那也是別人的生命，人家想怎麼過是人家的事。

不過，一個把文案當成自己的身分，或者當成職業的人，理當要對自己有些不太一樣的要求。那就是專業和業餘的差異。

你看了我剛講的關於這個大鬍子鮑伯的故事，你學到什麼呢？

好笑很厲害

我看了這個大鬍子的鮑伯，真的覺得受益良多，因為他太好笑啦。而且那個好笑都是有意義的，他都在包裝有深度的想法，也許不是刻意的，但結果就是一個非常良好的溝通。

這讓我一直在想一件事，就是到底要如何把訊息傳遞出去呢？

似乎，他的做法是，**就把它活出來，而不是講出來**。

他的做法，就是相信某件事，但不會主動去跟別人說那件事，但在做其他的事時，都認真努力並且只想到會不會讓人開心暖心，而人們最後就會好奇，到底自己為什麼會變成這樣。

最重要的是，好玩好笑幽默，確實是他的本質。

他讓人想親近他，從而吞下他想傳達的訊息，甚至主動地對他產生好奇，想知道他到底怎麼會這樣。他講他發起氣球遊行，結果把全地球的氦氣都用光了，然後隨口舉例，再糟的狀況，也都要開玩笑，真的會讓人能接受並看下去。

我這裡講的「看下去」，十分重要，多數時候我們覺得重要的訊息，別人都看不下去。譬如，產品價格、功能特性、良好的道德行為……，由於覺得重要，我們的講話方式，就覺得必然要嚴肅，可是傳播的效果差，那麼故作嚴肅的行為也就顯得沒必要了。

我想起，我跟女兒常常講的，好笑很厲害。

當她開始上幼兒園，常常會面對不一樣的小難題，多數是她沒處理過的，也有很多是需要融入團體生活的必經歷程。我常鼓勵她，就笑笑的吧，事情總會過去，總會找到方法。後來發現，也許她的天性使然，她似乎是個人緣好的孩子。

放學去接她回家，沿路大家不斷地喊她的名字，有小孩、有老師、有家長，有時喊到我耳朵都快聾了，心想有這麼誇張，不是剛剛在教室才說完再見，幹嘛那麼興奮地大喊？

我說，你都認識他們嗎？

女兒說，沒有啊，但我都對他們笑笑的。

我在想，一個好的品牌，要被人們接受，是不是也是這樣？用正面幽默的態度，面對世界，那麼接受度會不會高一些？

而一個好的文案，在為品牌操作重大的議題時，是不是也可以把這放在心裡，把生命用陽光的方式分享，讓人主動來靠近你？

偉大的事物，不一定就只能讓人畏懼；讓人親近，或許是更有效的方式。

●有人又真又活

我發現，有人有點不在乎世俗的規範，比較在乎人心的平安，我發現，這跟他相信並在意的「有人」一樣。「有人」自己在這世上的時候，幾乎每件事都在表現這個概念，有人不在乎物質，不在乎制度，只在乎真心誠意，只在乎人心，只在乎最重要的事。

同樣的，我發現，我們也不必在意「有人」是誰，只要在意「有人」是這樣活得輕鬆自在，無論面對多苦的事物。這就足以讓我們想要試試看。

你可以試試看，這樣面對生活裡一連串的故事，你會發現，這位「有人」是個好朋友，因為他，鮑伯的生活變得很有意思，對很多苦難的事，好像也可以更有創意，更有面對的力量。同時，人們因為這樣的生活態度，就會更想了解自己可不可也像有人一樣，那不就是一種最高明的分享嗎？

你會不會覺得，有人又真又活呢？
我有時想，我們大家都活著，但有活得又真又活嗎？
還是，只是生理上的尚未死亡呢？
我是真心這樣覺得。世界不安定，我們可以試著好好活，好好相信，好好生活。
像有人一樣，活得又真又活。

可能會好一點吧。
至少平安一點。
那就夠了。

用創作
回應創作

千年一問，最美的答案

一段逝去旅程的開始

我的記憶奇差，前一天的悸動很容易就忘記。但這次不太一樣。

我非常喜歡電影《千年一問：鄭問紀錄片》的開場，鏡頭從二樓，走出，看到樓梯間，旁白聲音是藝術家鄭問的妻子溫暖地說著鄭問平日生活的方式。這時，一個動畫的人物走出，鏡頭順著他的主觀視角，緩緩經過樓梯間，可以看到助手當時睡的房間，裡頭有床。鏡頭隨著腳步移動，還可以看到浴室裡的浴缸，鏡頭沿著樓梯緩緩走下，看到客廳裡，許多工作人員圍著鄭太太，鏡頭停下來，這個動畫的身影，停在銀幕的畫面上，畫面是鄭太太訴說著，訪談人輕柔的聲音問著，鄭太太回憶著緩緩地回答，而那動畫身影就靜靜地聽著。

彷彿，鄭問老師也在聽著旁人如何說他的精采。

創作人該看

很偶爾，我會一天一事無成。

通常，我要求自己每天都要產出一個作品，不管是影片、筆記、文章、podcast、圖畫，總之，身為創作者，我要求自己每天都要創作，好對得起被生命大神款待的自己。不是每個人都有機會可以創作，不是每個人都有餘裕可以創作。

但，我還是會有整天坐在桌前，卻做不出點什麼的窘境。這時候，最好是運動；更好的是，去看別人的作品，別人的好作品。

昨天，我看了兩個。一個是紀錄片《千年一問》，一個是鄭問這個人，人生的作品，都好精采。

能看到好電影是幸運，能看到一個好人是幸福，我一次得到幸福和幸運，感到十分滿足，甚至會謝謝自己還活著，才有這美好機緣。同時看到兩個好作品，讓我好像找回自己，也找回拿起筆桿的力量，當然，更是找回創作的初衷，那個享受創作的樂趣，那個享受樂趣而開心滿足的自己。**好作品的美麗，不在於它自身的美麗，而在於它可以啟發人相對美好的那一面，並且那通常不是其他物質可以輕易做到的。**

我喜愛好作品，更喜愛做出好作品的人。

走出試片室，我好像變成比兩個小時前更好的人了。我期待，其他人也有機會享受到跟我一樣愉快的經驗。

● 台灣人該看的認真正直可愛

台灣人有些美好的特質，在鄭問身上表露無遺，就是那種對於工作的事全心投入，不急著求回報，但非常「頂真」。台語的「頂真」（ting-tsin），就是很認真，想要做到最好。那是一種工匠職人精神，但在台灣絕不限於工匠職人，我在許多上班族身上都看得到。

還有正直，這個很特別的選擇。正直，絕對是種選擇，而且是不容易的選擇，可是，我們也可以從《千年一問》裡看到鄭問本人對於漫畫中角色的期許，其實跟他自己的性格很有關係，他會希望自己在生活裡的選擇都盡量符合這個期待，所謂「相由心生」。我就發現，他的主角，都很正氣凜然，多少也提醒了同樣是台灣人的我，千萬別忘了自己這個從小被培養的特質，我們在各種生活習慣上，也都會盡量守秩序，有公德心，其實，背後都是相同的東西在支持我們做出選擇。

可愛，其實不是種形容詞，是動詞。

鄭問的可愛，是行動的結果。他關心每個下屬，會問人家吃飯沒，會問人家有沒有被欺負，會關心人家住的地方，還會陪人家去看房子。

我看到跟著他一起工作的每個人都一臉懷念，就知道這個人就算在工作上要求嚴格，但待人如親，一定花很多心力去關心別人的心。這樣的人當然可愛，比起長相的可愛，我覺得這種可愛，比較長久，而且，他會跨文化無地域限制，可以超越時間。

● 不斷追求創新的藝術指導

我們在做廣告時，基本上，比較像在實驗室。我們都會去想有沒有什麼沒用過的形式，尋求沒試過的材料，最好讓新穎想法用新穎方式呈現，我們會拿著十元硬幣去找粗糙的水泥牆面刻劃，在太陽底下，弄得滿身汗，只為了試個不一樣的粗礪質感。

也會去跟工地商借奇怪的半身假人，兩隻手是兩根棍子，上下不斷地揮舞著旗子，提醒人車小心的那種，然後拿來做肌肉痠痛劑的廣告。假人看來不大，大約半個人高（噢不我這說法不對，他應該是一個人只是到腰，腳要靠用墊的），看來不大但很重，得兩個人抬。我們用小貨車去載，使勁地搬下車，幫他調整好頭上的帽子，幫他把廣告標語別上，很費工夫，很花時間，很熱，路上人車經過還會一直看我們，偶爾其他同行開車經過看到，笑著跟我們打招呼。

我會提這個，是因為看到鄭問為了試不同的視覺效果，竟然用手拿塑膠袋沾顏料畫，用火烤，把顏料倒進不相容的液體中，再將紙鋪上水面，好創造完全渾然天成非人工的水墨效果。更別提獨步全世界用毛筆畫漫畫的創新，我真心覺得他真是一位充滿創意的藝術家，很是感動，也鼓勵了我回到眼前的工作。

●全家都該看

我在看試片的時候，一直想，好希望我女兒坐在旁邊，一起看噢。因為，我們最近一直在討論，什麼是快樂。

快樂一定不是什麼事都不用做，那種我們都同意，應該會是無聊，你以為不用做事很輕鬆嗎？我覺得，那可不，以前我當兵最怕的反而是站哨，什麼事都不用做，但也什麼事都不能做，簡單來說，就是一事無成，心好累。

如果大家不相信，那你回想，因為新冠病毒（COVID－19）而防疫，我們被關在家裡的一整天，是不是有點心煩意亂？

我和女兒最近討論的結論是，**認真做自己喜歡的事，可能是較接近快樂的定義**。喜歡自己認真做的事，並且認真做自己喜歡的事，我覺得，好像也可以放在鄭問的身上呢。

助手說，老師他享受著作畫的過程，無論那多麼辛苦，卻會哼著歌，是真的在唱歌耶。我看了哈哈大笑，我知道那個感覺，我也清楚那個感覺的美好，更清楚那感覺的不易達到。我真心覺得，這是最棒的生命教育。

我常想，我憑什麼教我的孩子什麼，如果我自己都有好多疑惑了。但後來我明白，我應該要跟著我的孩子，一起去跟其他生命學習，一起去理解、探索，一起去觀看、欣賞。《千年一問》就是這樣一部恰當的影片，讓大人有力氣，孩子有想像。

而且，你知道孩子都喜歡畫畫，拿到筆就會在各個奇怪的地方上畫，雖然很令人困擾，但我想，長大後的我們，卻一點也不敢畫，這才是更大的困擾。看著別人畫畫，成了一種享受，看著別人享受畫畫，更是一種截然不同的享受。

我想，我們就單純地做一天孩子吧，享受跟孩子看另一個孩子的畫畫——儘管他是大師，但他很好親近。

期待我和我的孩子一起去電影院看《千年一問》，也期待你坐在我們旁邊。

你也可以是電影的一部分

最酷的來了，你也可以讓自己的名字，或者你孩子的名字放在這部很棒的電影上。過去你要想辦法拿出幾千萬，才有機會掛名電影投資，現在竟然有這麼奇妙的機會，你不用花上幾千萬，就可以看到自己的名字在電影最後的字幕上滾動著，劃過整片幾十公尺的銀幕上，而且全世界都看得到你和孩子的名字。

這麼好康的事，不要說我沒告訴你。

這部得來不易的紀錄片，為了上院線，決定進行募資計劃，而這就是他們提出給參與者的回饋。試著想像，當你被紀錄片感動整整一百三十分鐘後，看到自己的名字——

或者，你的孩子正在驚嘆於眼前獨特的故事，和精細畫工的創作後，突然在銀幕上看到自己的名字——

那個驚喜感，我猜，會勝過你送過的任何禮物；至於，有女朋友、男朋友想要製造驚喜的，就不需要我教囉。

不過，我這個idea，也是跟鄭問老師學的，聽說，他以前約會前會先畫四格漫畫，帶去後，先拿出來，馬上就有話題，女生馬上就折服於他的才華了。

希望我這樣僭越，鄭問老師不要介意，因為你實在是位好值得佩服的創意人呀。

我許多的困惑，也許不是立刻被解答，但有了前進的力量。

千年一問，其實，是很美好的答案。

●文案的揀拾

誠實地說，我從來沒有瓶頸。我只有怎麼今天沒有夠好的東西。

瓶頸是想不出來，我從來沒有想不出來的時候，你應該也是。

我們的問題，應該是想出來的不夠好。

對了，多說一句，以前我們在廣告公司創意部，不太放平井堅的歌。因為怕遇到「瓶頸」堅。

哈哈哈哈，好爛的笑話，但是真的。

那時公司旁邊有一個咖啡館，有些同事會去那裡開一整天的會。那間咖啡館英文名唸起來，很像是中文的多摩。我很少去，因為「好事多磨」。彷彿在那裡，好的idea可能要想很久才會出來。哈哈哈。另外，有一間叫做吉斯的咖啡館，許多同事就會常去，因為「集思廣益」。

不過，說真的，想出什麼，跟你在哪個咖啡館沒有太大關係。

我認為，一個文案，在哪裡都要能想出東西，在哪裡都會有好東西。因為，你是絕地武士，你的原力與你同在，不是你的咖啡館與你同在。

但，你會不會失去原力？

會，如果你失去信仰的話。

我說的信仰，不是宗教，是相信。

你說是相信怎麼會失去呢？

就因為是相信，所以它很難維持。

不是物質性的東西，它不是你眼睛看得見的，當然手也握不到，可是確切存在，它**比較像是愛**。

你看得到你媽媽的愛嗎？看不到吧。

但你可以說因為看不到，所以媽媽不愛你嗎？

而「相信」類似「愛」，但比愛更容易失去。當你累的時候，當你失敗的時候，當你一事無成的時候。你可能會忘記本來為什麼要做這件事，你也很容易決定不要做這件事——儘管說是決定，其實你只是放棄，你並不是決定。

只有做跟不做，沒有試。

這是《星球大戰》尤達說的。

我在看《千年一問》的鄭問時，有很強烈的感受，他似乎也會放棄，在經過長時間的努力後放棄，但，不是就停留在原地抱怨，而是決定做別的。

意思是，他繼續**用創作回應創作的困境**。

那跟怨天尤人很不一樣，應該說完全不一樣，他是在創作，並且不斷創作，甚至是創作他的生命，並且把眼前的困境變成一個尋求創作的靈感，雖然那當下一定不好受，但他只是輪轉到下一個創作的位置。

我覺得，這很值得學習。無論如何，做就對了。

是吧？

千年一問，其實，是很美好的答案。

捷運上的強悍

當你凝視議題時，
議題也凝視你

● 腿開開

看到一位朋友提到，在捷運上，座位旁一位中年男子，腿大開，超出了個人的位子，碰到了她的腿，她感到不舒服，於是出言提醒，請對方把腿合起來一些，對方卻毫不移動，甚至不悅。

她只好大聲地再說一次，對方依舊不動，甚至還反過來輕蔑地瞟了她一眼，並繼續目空一切望向前方，雙腿依舊不動。

她只好提高音量，再說一次。對方氣噗噗地起身，臨去時再瞪她一眼。

我把這篇貼文分享到我的臉書，提醒其他男生，注意捷運禮儀，不要因為自己的不留意，侵犯了別人的空間。沒想到，我驚訝地看到，有人回說，怕被打擾就不要出門搭大眾運輸工具。我當下腦筋有點空白，畢竟，我沒有想過在這文明的國家，會有人用這種話語回應。

我好意地找出之前看到的新聞，印象中，在世界各國多年前便已有發起類似的活動，請大家留意，不要坐下時腿開開，這是善意的提醒。

結果，有網友說，這是局部且過期的運動。我腦中的空白，開始有點接近白熱化。《紐約時報》報導，全球有許多人都意識到，這行為讓別人感到不愉快，感到稍受壓迫或被冒犯。

二〇一四年，為了解決「被為數不少的男性視為不可剝奪的祕密權利的全身舒展坐姿」，紐約市大都會運輸署（Metropolitan Transportation Authority，簡稱 MTA）公布了一系列公益廣告。其中一幅寫著「夥計，請不要岔開腿」（Dude...Stop The Spread, Please），畫面中是多名乘客被迫站著，而一名男子霸占了兩個座位。西班牙馬德里的運輸公司（Municipal Transport Company）提出請大家盡量不要過分張開雙腿。東京地下鐵株式會社也做出海報提醒男性，過分張開雙腿，是種失禮的行為。在西雅圖，海灣運輸署（Sound Transit）用的則是一隻紫色章魚將八爪伸向鄰座的形象。還有許多地方都啟動了這場乘客禮儀活動，試圖改變乘客的習慣，強調任何性別的乘客都只能占一個座位的空間。

以上都還只是官方所發起宣導的，要知道，官方組織相對被動，必須要在民間對於某一事件有大量的反應後，才會進行規範宣導，也就是說，當官方都提出呼籲時，大家已經被這狀況困擾到白眼翻到天邊去了。

而居然有人說，這是局部且過期的運動？

我不太清楚對方所定義的「局部」，若以宇宙來看，以上這幾個城市，確實只是滄海一粟，但若以人類這物種來說，這幾個地方，應該涵括了不少人，若以世界前十大都市，那麼，就至少有好幾個。當然，若你再進一步去以有地鐵的大城市來做分類，那恐怕這幾個地方占了極大比例的「局部」。

至於「過期」，我也不是很了解過期是什麼，我比較常聽到形容一個概念「過時」。

如果有任何概念，我們說過時，那通常是來自於多數人都已理解，甚至已實踐過，並且認為對於當下這時代的人們來說，已經是無用甚至有害。

不過，以台北捷運的狀況，可能比較接近，大家並不清楚，還需要提醒宣導。都還不知道，怎麼會過時呢？

話說回來，過期到底是什麼意思呀？

如果只是因為這運動早在二〇一四年已在紐約發生，就說它過期了，不是有點奇怪嗎？一般來說，我們會說，要是其他國家提出新的觀念，而我們還沒有思考過，通常會自問是不是還沒跟上時代，我們是不是有點落伍了？

到底過期的運動是什麼呢？

這樣說好了，民主人權觀念早在希臘時代就已經被提出，我們難道會說，哎呀，這概念過期了我們不要用？

或者，禮義廉恥被提出的時代更早，《管子．牧民》：「何謂四維？一曰禮，二曰義，三曰廉，四曰恥。禮不踰節，義不自進，廉不蔽惡，恥不從枉。」一般認為管仲卒於西元前六四五年，換句話說，我們就算不知道禮義廉恥是他哪一年說出來的，但至少距今兩千六百年以上，如果說過期，那應該很過期了噢？

哈哈哈。我也只是開玩笑，想輕鬆對話。

我想，世界各國有地鐵，都是在這近代，因為都市化的關係，才會產生這種空間密集的大眾運輸工具，過往的人們在日常生活裡，可能都還沒有那麼擁擠的空間經驗呢。而個人空間在這過程裡受到擠壓，情緒上感到窘迫，更可能是這幾十年的事，這樣的情緒累積，隨著這幾年有網路，人們更容易抒發，彼此才發現對方也被這狀況所困擾，因此，聚集而成一個現代的 movement。

你當然可以拒絕且不參與這樣的movement——如同一開始在捷運上中年男子一樣——只是，在別人眼裡你可能就是個不尊重他人空間的人。

●Marlboro Classics 牛仔

小時候，我看到許多Marlboro Classics的服飾廣告，裡頭牛仔們帥氣地戴著寬邊帽，穿著牛仔褲，雙腿大開，蹲踞在不同的地方，也許馬背，也許牧場的柵欄，通常不直視鏡頭，略帶憂鬱地望向草原遠方，沒有人臉上帶著笑容，因為笑了就不酷了。

我那時看了覺得好帥氣，也想學。

但台灣有很多馬路，比較少馬。有牧場，不過，多是讓你去擠牛奶的，牧場裡的工作人員，穿的比較多是連身的工作服，不太像Marlboro Classics，比較像馬力歐。

後來我去美國旅行，我也看不太到那樣的穿著，最近一次看到，倒是我的學長李安先生的電影《斷背山》。描繪的是一九六三年到一九八三年的一段同志情誼。電影是二〇〇五年上映的。

我也去過真的騎著馬奔馳的蒙古草原，那裡的人穿的多是棉布大衣，沒有幾個人穿Marlboro Classics，也有些人穿羽絨衣的，披星戴月，奔波於日漸光禿的草地。更有趣的是，有幾個年輕人是騎著機車，趕著羊群，上下於山坡。我看那就是我們小時候的「野狼」啊，野狼趕著羊，真有意思。

長大些，我自己做廣告，我才懂，那個廣告做的是一種情懷。那不是一種現代的生活狀態，那是一種想望，一種追求粗獷的都會雅痞。

也就是說，真的去百貨公司專櫃買Marlboro Classics服飾的，買完後提著購物袋，放進的可能是ＢＭＷ或ＢＥＮＺ，不是馬匹背上的皮囊，隨手拿起喝的是星巴克紙杯裝的咖啡，不是用撿來的樹枝起的營火煮出、一手端起冒著煙的斑駁鐵杯。

我的意思是，在擁擠的捷運上，你裝什麼牛仔啦？

你在沒人的路邊坐，腳要多開就多開，沒有人會抱怨你的。

你想恢復你失去已久的男性尊嚴，真的不必在捷運上，也許可以考慮去運動場、籃球場、田徑場、健身房，那都很好。你可以大大地伸展肢體，奮力地發出怒吼，拚命地揮灑粗獷的那一面，那才若合符節，那才像樣。

話說回來，牛仔的基本功，你會騎馬嗎？你會套繩圈嗎？你騎過牛嗎？如果你跟我一樣都不會，那你裝什麼牛仔啦？你很強悍嗎？

記得有一次，我和一位客戶討論著一個純男性的咖啡品牌，他提起一個故事。

一位外型豪邁的男子上了公車，一身因為工作勞動帶來的健壯身材，加上不羈的牛仔服裝，吸引了全車人的目光，他的身形感覺隨時可以撂倒三個人，而且，看起來，他很習慣撂倒別人。

空氣有些凝結，因為他看來有些兇悍，並正用銳利的眼神，環視全車。所有人屏息，深怕自己是那氣場強悍的男子要找的對象，甚至有人起身，往車後方走去，看似讓位給那男子，但也許畏懼多了一些。

沒想到，男子說了聲「不好意思」，彎腰，脫了腳上厚重的工作鞋，只穿襪子，邁開大步，上了公車。他提著自己的鞋子，站在公車上，公車車門關，往前行駛著，但全車的目光仍在他身上。

他眼前明明有空位，卻不坐下。旁邊有位老人狐疑地望著他。健壯的男子意識到老人好奇的目光，露出微笑，說：「喔，不好意思，我怕我身上的泥巴弄髒了座位。」

我覺得，這才是個樣子。

做為生理男性，我很清楚，隨著時代的變化，我們都得有更多的學習，不過，在不斷地試誤之前，其實，可以隨時問問自己，這樣會不會妨礙別人？

因為，妨礙別人，離你想要的酷和帥，很遠。

最重要的是，那一點也不強悍。

●文案的強悍

文案該不該強悍？

我覺得答案是肯定的。

你是為了解決問題而發揮創意，你不只是想讓人看見你而已，那樣的目的也太低級，你想要的是，因為你，某些問題被看見，某些問題被討論，某些問題被解決。

你當然背負著商業上的任務，但就算如此，這商業任務必定也是建立在良善的社會價值。除非你負責推廣毒品，否則，你必然會先去檢視自身的道德位置。

當然說道德也許太了不起，但說倫理，可能容易些，或者，很基本的，做為一個人的樣子。

做為一個人，不單單是因為你的染色體在生物學上的判讀，而是你的行為，讓人可以解讀為像一個人。像一個人一樣的，對你在意的議題發聲，有時候用品牌的資源，好讓更多人了解；當然，同時也讓人們在接受到這個良善的概念時，接受這個品牌。

這幾乎已經成為現代行銷的主要競技場了，而這個競技場的水準極高，**你得先成為一個人，才能成為一個文案**。

因為人們看得清楚，你的底細。

你沒有公義觀念，你沒有公益想法，你就找不到議題，因為你無感。

那人們對你的作品無感，也只是剛好而已。

我所謂的強悍，是面對不公平的世界，你可以看著它，凝視著它，也許無法永遠反抗它，可是，你總不好選擇指鹿為馬，那也太絕對的投降了。

我們都會在某些時刻，壓低身子，但沒人要你就得跪下。一旦當你跪下，你跪的對象也不會尊重你的，也不會認為你是他的一份子。

當然，公義與憐憫必須同時存在，在指陳出錯誤時，也要懷著理解，自己不過是稍稍早點知道，並沒有什麼值得感到優越的，一如文案只是比消費者早讀到產品說明書而已。

那沒什麼了不起。

而這個世界的說明書，不斷地在改寫，假使你同意，我們應該進步，那我們就該互相提醒，並且看見那些不恰當卻存在我們生活中的事物。盡量每天如此，否則，有一天，你突然想寫卻寫不出來，因為你根本沒看到世界的問題，更別提想去解決和面對。

你沒有意識到議題的存在，議題也沒有意識到你的存在。

保持體諒的凝視，有時瞪視。

那是一個文案的眼神。

文案的戰鬥服

你的衣服
是頭腦的延伸

文案怎麼穿

我剛入行的時候，公司創意總監總穿一身黑，拿一把黑傘，戴墨鏡。在室內，也戴墨鏡。許多人覺得她好酷，但名聞遐邇、得獎無數的她偷偷告訴我，其實她非常害羞，害怕陌生人的目光，不想跟人對上眼，不想眼神被看見，穿一身黑是為了低調。

那時其他幾位當代的創意總監，也是一身黑。而且滿多不太會笑。我也不知道為什麼。

原本想學習他們的我，好像也學不來，因為我太愛爆笑了。北七比較輕鬆，我比較適合北七的路線。

我也遇過一位外國的執行創意總監，他是澳洲人，也是文案base的（即文案出身），他永遠是衝浪品牌的T恤搭牛仔褲配滑板鞋，或是滑板品牌的T恤搭板褲配滑板鞋。我思考了很久，結論是，我猜，應該是因為沒有出衝浪鞋吧（這什麼怪結論？）

不過，他倒是曾經跟我說，他做這個工作是因為他不想把衣服的下擺紮到褲子裡，而他發現這個工作，沒有人會特別要求你的服裝，所以，他選擇做了廣告。聽起來好像很無聊，但我想某種程度，說明服裝對創意的影響——就是沒有影響。哈哈哈。

說起來，我也聽過有位導演，有段時間都穿三件式的西裝開會，因為他嚮往英式的紳士風格。我見過他幾次，非常好看，玉樹臨風，頗有英倫氣息，感覺真的非常有質感。可是，也會遇到搞不清楚的人，開會時以為他是上班族，甚至有客戶把他誤以為是廣告公司新來的ＡＥ（Account Executive），真是有眼不識泰山。

● 帽子戲法

我後來發現，我有不少帽子。

像我現在寫著這篇文章時，戴的是ＮＡＳＡ的棒球帽，是我去洛杉磯的太空中心在太空梭旁邊買的。太空梭好大，停在這個停機坪裡，非常地壯觀，你看著它尾部的推進器噴嘴，那麼大，就想著，原來要靠這樣大的噴嘴才能在太空中飛行啊。然後就想到，我們常想要自由自在地在天空翱翔，可是卻沒有想到得需要足夠的動力，好推動自己笨重的軀體，好擺脫世間迂腐但又必然存在的地心引力。那引力也許你看不見，但確實存在，限制了你的行動，剝奪了你的可能性。你沒有意識到它，可能就是你自己的問題。

當我戴著這頂帽子，就是在提醒自己，要用力，才能有點不一樣，才能擺脫限制，才能跟原來的自己不同。

用力，你才有才能。

我還有頂黑色皮製的紳士帽，是我在內蒙古轉機時得到的，非常特別。一般紳士帽，都是布料製成，它卻是用皮革，當然也是因為它來自大草原上游牧民族的關係。每次我戴上這頂帽子，就想起那次旅行。在茫茫的草原上，坐在高高的馬背上，一開始嚇得要死，因為馬很高，坐上去後的視角完全不一樣，很像是小時候坐在溜滑梯上面，但是溜滑梯會動，而且還動得很厲害，上上下下，並且，前進的速度很快。沒有地方可以用腳踩煞車，我的腳用力踩著，卻只有踩到馬蹬，雖然很用力，但根本沒用。感覺實在很不像平常，非常地不安定，然後看到地面就在眼皮底下不斷地上下起伏，並往身後快速地消逝，真的會害怕。

最妙的是，那時是一位蒙古的公主，陪著我。

在城市裡，她看來十分溫婉內向，除了臉上不時會露出的笑容，似乎暗示著她的大方。可是，當我們一到草原時，她整個變成另外一個人，所有動作都是大動作，都是快動作。一會兒，衝向一匹馬，一會兒，翻身就上馬背了。沒有任何馬鞍韁繩，可是她「哈——」一聲，腳一踢，馬就聽她的話，快速地衝向前去，一下子就消失在地平線，變成一個小黑點。

就是她帶著我騎馬，所以，當我嚇得要死的時候，她是立在地上，拉著馬前頭的轠繩，帶著我跑。我快嚇死時，她仰著頭看我，臉上是溫柔的笑。

你會說，拜託，有人拉著馬跑，是有多快，是能有多害怕？

我會說，拜託，你有站在快速前進的兩層樓上面過嗎？

哈哈哈。

我戴這頂帽子的時候，通常是要提醒自己，不要永遠只想到自己創意的那一面，也要替別人著想，因為沒騎過馬的人可能會害怕奔馳的感覺。要懂得體諒，像當初公主臉上的微笑一樣。

我讓帽子暗示我自己，讓我試著成為好一點的人。

●軍裝風格

我最要好的朋友「小小」，有一回說要帶我去看個厲害的。結果是件軍服，二次大戰時美軍的HBT野戰夾克襯衫。

有位來自英國的設計師Nigel Cabourn，他有點年紀，留著花白的鬍子，一臉性格，當年他讀設計學院時，正好是越戰時刻，因此多年來反戰的他喜歡穿著二次大戰的軍裝。如今Nigel Cabourn在日本東京中目黑有個旗艦店叫做The Army Gym，時尚圈許多潮流人士學習他的軍裝風格，成為一股軍裝風潮，而Cabourn先生光這件HBT就擁有十件。

小小說他看到一件HBT是我的尺寸，硬是要找我去看。他說這個品項的狀況奇佳，他在網路上找到的都售價極高，可是很多都有些許地方破損，不是鐵製的鈕扣少了漏了，就是衣領有大量的補丁痕跡，再不然就是裡頭的防風片可能因為破壞而被拆掉了，但這件的完整度非常高，沒有任何損壞。聽說是老闆在二十多年前收到的，現在要再找也很難，因為二次大戰距離現在已經是七十五年前了，幾乎可以說是有錢買不到。

我跟著他走進西門町裡某棟大樓，想起好久沒到地下室吃甜不辣和天婦羅了，沿著手扶梯一路蜿蜒而上。我心想我在幹嘛呢，怎麼不去看模型，怎麼不去看玩具呀。雖然心裡嘟嚷著，還是進到那個軍服店，哇，滿坑滿谷，掛在頂上的軍外套，馬上搶了我的目光，看到幾件我也有的，像是《捍衛戰士》的復刻版飛行皮夾克，是我去拍旅美棒球選手林子偉時在紐約買的，還有NASA紀念阿波羅登月計劃所出的特別版飛行外套，還有最基本的MA-1飛行外套，實在開心。

那件HBT確實不錯，但我實在沒有興致也沒有預算買，我勉強在「小小」的勉強下，試穿了一下，覺得我穿起來不行，不夠扎實，而且價錢也有點讓我空虛的錢包顯得更加心虛，於是掛了回去。

「七十五歲的老先生，再見，我的身體撐不起你的雄心壯志戰功彪炳呀。」我在心裡還是跟這位尊貴的衣服說了些話。結果這時，小小看到了掛在上頭，一件樣式單純的深色皮軍用飛行外套，深黑色發著光，剪裁極具陽剛氣息，我看了也很喜歡，慫恿他試穿，果然英挺。這次換我「勸敗」，我稱讚他穿起來好看，感覺一轉身就要上駕駛艙，以三馬赫超音速飛出去，奔向無垠的天空。

我問老闆多少錢，老闆說，這是最高級的皮革，是馬皮做的哦，非常珍貴。

我再追問，多少錢？

老闆說，三二五〇。

我說挺合理的呀，再次推坑，小小又再度穿上外套仔細端詳，大小尺寸剛好，他來回看著衣袖，十分滿意。我撇下他，繼續翻找著衣架桿子，想找到適合我的軍品，遠遠隔著那些衣服，我聽到小小繼續問老闆多少錢。三二五〇，老闆又回。

突然，我電話響起，是有人約我開會，但店裡訊號差，我看不到我的工作時程表，於是走到外頭去，找個收訊好的地方，跟對方敲會議時間。遠遠地，隔著店門，我隱約聽到小小問老闆可不可以刷卡。

我好不容易搞定會議時間，轉頭，看到小小終於走出來。

我問，如何？

他答，剛跟老闆講價，老闆願意少個五百元。

我說，欸，那很便宜啊，你怎麼沒買？

他說，有啊，我把信用卡拿出來了，結果，你知道怎樣？

我回，怎樣？

他說，是三二五〇〇。

我整個大笑，竟是整整差了三萬元。

哇，如此高貴的戰鬥服。看來，有些戰鬥，我們無法參與呀。

穿久保靈

你喜歡川久保玲，就穿吧，只要你負擔得起，只要那讓你的創作能力增強。

我比較喜歡穿久保靈。剛聊到有些充滿質感的軍裝，可能高攀不起，但我那天發現我最常穿的一條迷彩短褲，是十五年前在泰國的洽圖洽市集（Catuchak Weekend Market）買的，記得不到一百五十元。我很喜歡那條褲子，因為穿起來很舒服，而且上面有當年我在智威湯遜廣告辦的一個活動的遺跡，所以我很常穿，很愛穿，穿去拍片，穿去開會，穿去出席活動。

那時，公司將搬新家，新辦公室有一面牆，是空白的，我們就想做一幅畫，而且是集體創作。當時是金融危機，所有人都被沉重的工作壓力壓得苦悶不已，我提議，就在即將拆掉的舊公司辦公室裡，擺上五大塊畫布，然後，邀大家打水仗，只是水槍裡灌的是廣告顏料，水球裡裝的是各種顏色，還有顏料直接裝在水桶裡，猜拳贏就可以拿起來潑對方。擺在那的畫布，經過這番激戰，一定會有圖像的。反正舊公司得拆掉所有裝潢，不如好好狂歡一番。這麼瘋的點子，沒想到，總經理也答應了。大家真的悶壞了。

到了那一天，公司停止上班，所有人穿著一件十元的雨衣，打起水仗來，腥風血雨的，不管什麼創意部、業務部，就連財務部的大姊們，都活得精采，玩得痛快。每個人都成了奇怪的調色盤，身上全是，連整個天花板、牆壁、桌子，也噴得全都是各色顏料。大家彷彿回到小時候，笑得合不攏嘴，拚命想惡整別人的方法。還有人直接把自己的臉噴上顏料，衝去撞畫布，平常壓力到底有多大呀？

當然，那五面畫布也被以一種隨機且集體的方式噴濺上了各種顏色，後來搬到新公司去，成為一個重要的風景。我們把整個過程剪成一支片，送到美國總公司去，外國的創意夥伴們，都很驚訝，原來台灣人這麼有趣。

當時我就穿著那條泰國買的一百五十元褲子，上面充滿了各種顏色噴濺出來的即興創作，洗不掉，但我很喜歡。現在，走在路上，許多人都會特地問我這條迷彩短褲是哪個潮牌的，我只能說，限量版，而且已絕版。

你潮，有時不是因為褲子潮，是你潮而讓褲子潮。

我喜歡那褲子，因為那是我在苦悶的日常工作裡想出來的點子，也讓許多人開心了好幾個小時。最重要的是，那個記憶會很久很久，經過了十多年，人們還是會記得，那當下像孩子一樣的笑聲。

我喜愛那樣的靈感，**為了提醒自己永遠要努力面對苦悶，並且用創意解救自己和別人**，為了保持這樣的靈感，我這條褲子穿了很久很久。

這就是我的穿久保靈故事。哈哈哈。

我的穿衣哲學

做為一個文案，到底該怎麼穿呢？

我曾經在峇里島五天，有六天只穿紅色的短褲，這樣方便隨時跳進泳池或海裡，如果不小心被啤酒淋到，或者小心地被啤酒淋到，都沒關係。而且隨時要去衝浪，要是身上有多的衣物還要請人幫忙在岸上看，多不好意思呀，大家都想下去玩水啊。

我記得，最後一天進機場，警察對著我比上身，我還不懂什麼意思，原來我已經習慣了不穿上衣，我是裸著上身走進機場大廳。可是，我的行李已經隨著輸送帶送進去了，嗚嗚，怎麼辦呢？我只好在機場買一件有點醜的T恤，這件事，我的朋友們到現在還是很愛提。

當我開始寫書，常常發現褲子是個阻礙，它阻礙我想東西，讓我覺得被拘束，所以，我常只穿條短褲，好讓我無法動彈的腳在桌子底下少些綑綁。天氣變得溫暖的時候，連上衣也不穿，讓手臂可以好好伸展，方便我寫一寫疲憊不想寫時，就可以從椅子上起來，趴到地上做伏地挺身。

有一、兩次，靈感突然來襲，我洗完澡，趕緊坐下來寫，終於寫完，從自己的世界，回到人間時發現，自己是裸著上身，卻披著一件皮衣外套，簡直就跟搖滾明星一樣。自己覺得好奇妙，完全不記得發生什麼事。後來想，應該是，坐在那裡，覺得冷了，隨手穿上。簡直如同動物一般，完全只有直覺反射。

這裡大概就可以知道我的穿衣哲學，就是怎麼好怎麼穿。

我覺得，造型這件事，跟身形很有關係，而身形跟運動有關，所以，我最多的鞋子，是慢跑鞋。好讓我隨時可以在會議中逃走，隨時可以從車子後座拿出跑步衣，換上後跑上一跑，讓煩惱追不上。

服裝這東西，當然是思想的延伸。

只要不妨礙我想東西，就好。
只要不妨礙你想東西，就好。
如果可以，能增強你想東西更好。

我喜歡穿搖滾樂團NIRVANA的T恤，那讓我覺得自己像主唱一樣，叛逆地拒絕主流，有時意外地成為主流，努力地用作品稍稍挪動一下難以撼動的地球。

我身上背一個小包包，裡頭有鋼筆，有小本子，讓我無論在任何地方，都可以不借助外力，就能把自己想的東西記下來，這帶給我安全感，因為我可以靠自己。而我的鋼筆有兩枝，不怕沒有墨水。

對於一個文案而言，你可以有意識地穿上這些衣服配件，讓你覺得像鋼鐵人的裝備一樣，讓你更有氣力。面對世界這個巨大的強權，不會輕易軟化，卻有柔軟的心，體貼人們的痛苦，並因此像個有力人士般地改變世界，儘管你從不是權貴。你只是個創作者，尊貴的創作者。

那你有意識嗎？有意識地選擇對你的創作最有利的方式。

我後來意識到，雖然人們一開始只會看到你穿的衣服，但後來人們要看的不只是你穿的衣服，而是你的腦子裡有什麼，你的心有多大。於是，做為一個文案，你的服裝，應該是能讓你創作出好作品的服裝。

做為一個文案，當然要有戰鬥裝。

而**這服裝是為了讓你能夠好戰鬥，有戰力，並站立到最後。**

那，你的戰鬥裝長怎樣呢？

重點不是外面厲不厲害

文學家之王是鋼筆界對海明威的稱呼，當然對文學界來說未必認同，不過這枝1992年出的首枝限量筆，確實替鋼筆產業開創出新局。獨特搶眼的橘色筆身，搭黑色筆蓋還有碩大筆尖，儘管有人挑戰它的材質設計並不特殊，可是，別忘了海明威用的打字機也是很簡單的。

文案吃什麼

You are what you eat.

炕肉飯

文案該吃什麼呢？文案都吃什麼呢？

我最好的朋友小小，常常跟我分享時代資訊。有次我找他吃東西聊天，他說要不要約中午，因為他有件事要去辦。我說可以呀，我那天有個例行的檢查在忠孝敦化附近的醫院，他說那約西門町好了，離你比較近。

我心想，西門町跟忠孝敦化較近的話，其實，整個台北市都算是在射程範圍內，都滿近的，可見一個人的胸懷氣度，決定了他看世界的尺度。我真的要更多學習朋友的大氣，總是小裡小氣地想一些走路五分鐘的事，終究是做不了大事的。

我完成了檢查，拿了車，開在美麗的仁愛路上，透過免持聽筒，問他是要約哪裡，他說，來約那個廟旁邊的炕肉飯，我說，好。那個很好吃，我心裡點點頭。

成長在台南的訓練，讓我知道真正好的東西，不一定是在大餐廳，許多街旁的小路邊攤，才真的經過時代淘選，被幾十萬人次試煉過，才有真正的美味。而且零行銷預算，從不登廣告，有些連招牌都沒做過，那真的真材實料，是吃好才互相央報，沒有一絲一毫膨風吹牛的可能。

他們都是真正口語傳播的實踐者。

● 男人威士忌之旅

原本，這一天我們是要去日本多個城市，來場男人威士忌之旅的。

機票早在半年前就訂好，當時還說，把工作排開，跟家人說好，這是一場屬於男人追尋威士忌與靈魂的旅行。雖然我不喝威士忌，但我在意有沒有靈魂，所以，早早就規劃好（好吧，其實我都沒有規劃）。

記得當時，因為每個成員都位居要津，各在不同領域企業中擔當領袖角色，深怕會臨時被工作牽絆住，大家講好，一定要成行，一定會成行，還信誓旦旦，只差沒說出一些詛咒的話了。

在刷卡訂機票的同時，我還弱弱地問一句：「應該不會再改吧？」大家的回應，都滿懷信心，比新年新希望，還有希望，雄心萬丈豪情四海哪。沒想到，新型冠狀病毒（COVID-19）與隨之而來的疫情與政策，什麼豪情都沒了，只能認賠退機票，嗚嗚。

我甚至在訂機票時和相熟的編輯說，要不要讓我出一本威士忌的書呀？一定很有趣，很有看頭，雖然我不喝威士忌，但這群人都很有趣，我也會去認真蒐集這些名聞世界的威士忌的起源和故事，而且同行的都是很有趣的男生，一定會發生超多趣事的。

還好，編輯不像我腦波弱，沒拿出合約來簽，不然現在就慘了。

●大阪清水寺前

所以，當我在這個清水祖師廟旁的圓凳上坐定，真是無限感慨呀。

我跟小小說，原本此刻，我們應該在大阪的，不如我們來假裝一下吧。於是，我們就在炕肉飯上來時自拍，跟我們同桌不認識的大叔大嬸，看著我們，一臉覺得我們很奇怪，不就是日常的飲食，拍什麼拍？

面對鏡頭，我們露出觀光客該有的模樣，若有所思，拍下了文青照。

我們把照片傳給其他本來應該此刻醉醺醺但卻苦哈哈上班的其他男生，標題是「大阪清水寺前」。各個在公司裡做為執行長的傢伙們，從不同國家而來的回應，都很好笑。

我們活在自己創造出來的故事裡。

● 奇怪鐵皮二樓咖啡

小小現在是廣告集團的創意長，當年跟我一樣是同組的小文案，我倆又同年，喜歡的事接近，一直混在一起，一起運動，一起做廣告，一起長大，當然也一起幼稚（很多人說我是中班，他是小班，幼稚園的）。

我們狂嗑著眼前的炕肉飯，配著清爽的湯，聊著這些年及飯後要去哪裡喝咖啡。小小說，有一間就在峨眉停車場旁邊，從他高中開到現在。

他們那一群同學，高中時很白癡，常蹺課，從南海路走過植物園，一路打鬧到西門町。某次一個游泳體保生，看到一個先生站在荷花池旁，就衝過去抱著人家跳下去。還有美術課在植物園裡畫畫時，跑去買肉和木炭，一時之間，肉香四溢，連警察都聞到了，趕來把他們罵一頓，怎麼可以在植物園烤肉呢？亂七八糟，要是釀成火災怎麼辦？

這都是他在這個狹窄的鐵皮二樓咖啡館裡跟我說的。實在是空間很窄小，連我這種中等身材的，都會不自覺地彎著腰走，爬上那個幾乎跟我肩膀一樣寬的狹小樓梯，上來後，你就會想乖乖坐好，因為，感覺站著就會撞到頭。但座位有半露天陽台般的位置，讓你可以看到下面人們走著。

我觀察四周，底下有棵樹，樹的周圍有個圓形的花台，幾部機車，大概因為沒有停車格了，就圍著那棵樹停。一會兒，我們看到一個人走過來，在一台機車後面拍照。我心想，這個角度有什麼特別的嗎？常常聽說街拍，但第一次從上面看下面的人在路上街拍，感覺很特別。正想說，他大概很喜歡自己的機車吧，就連旁邊只是棵樹，都那麼認真地拍。再看他，拿出本子，開始寫，然後留下紙條在那機車上。接著，又去拍另一台機車。

欸？

一會兒，又去拍另一台，再一台，總共五台。然後，他就離開了我的視野——所以，他是在開罰單？

這時一位先生遠遠地走來，背著一個包包，米白色外套，下著西裝褲，瘦長的身形，走路似乎不太方便，他來到樹下的一台機車，把那單子拿起。我心想，他大概會很生氣吧，我預期他會抬頭咒罵。結果，他沒有，他看了看之後，又把那單子夾回車上，緩緩地，往小巷的另一邊走去，消失。

嗯，所以，那部車也不是他的？那他為什麼要看呀？也許，只是好奇，跟我一樣好奇。

我喝著手上的咖啡，叫小小低頭往下看，我們兩個看得津津有味的，你一句我一句聊著。

小小說，你看，他一定是因為停在圓環才被開單。

我說，哪裡有圓環？

小小說，有啊，那棵樹旁邊不是圓的一圈嗎？

這是台灣最小的圓環。他們把車停在圓環，超帥的。

我說，那他不只停車，還逆向耶。

我們就在那個奇怪的鐵皮屋二樓，配著咖啡，繼續說笑著。

● 孫大偉的滷肉飯

我那天和舒國治老師，去吃滷肉飯。

我們約在大稻埕，在一個六十年的老房子裡聊天，天南地北，從爵士樂到電影，從宜蘭到紐約，什麼都聊，什麼都有趣，我平常是個多話的人，但遇上舒老師，我都會選擇閉嘴，因為我再說都沒他精采。而且我說話的話，就占掉我聽他說話的機會了，我才沒那麼笨呢，當然要好好聽他講。

舒老師也真是位超級博學的人，他從我們所在地方開始講起，他說，這個地方本來叫做「永樂座」，是當時最大的一個戲院，顧正秋老師從中國來就是在這裡表演，當時蔣經國非常欣賞她的表演，總是場場來看。後來，這個「永樂座」在戲劇沒落且新興電影院的影響下，逐漸沒了人潮，才被拆除。

他說在一旁，有個清粥小菜，味道很棒。他有時會來吃，跟老闆娘聊天。過去得在早上八點前來吃，晚一些就沒有菜了，但現在九點吃還有。原來過去許多名商大賈夜生活豐富，一整晚宴樂直到天明，天亮時總要來吃個東西，讓肚子飽足，才回家睡覺，因此那個清粥小菜，生意最好的時段大約是早上六點半到七點多，總是座無虛席，滿堂都是大老闆們。而隨著時代變化，大家生活型態改變了，大老闆們可能也比較重視養生，就少了這種習慣。

「我現在就不必那麼早開店了。」老闆娘笑笑地跟舒老師說。我聽得津津有味，從小吃就可以看出台北市的變化，不單是營業時間，其實是生活型態的觀察，真的很有意思。

聊到中午時分，大家肚子餓了，便說要去廟前吃飯。舒老師領著我們走，從永樂座舊址穿出，經過永樂市場，一路踅去，舒老師說，這裡就是到「第一劇場」的舊址。從「永樂座」走到「第一劇場」，過往這兩處，就是台灣當代最風雲的兩個藝文表演場域，文人雅士多在這裡出沒。

一會兒，我們走到慈聖宮前，參天的大榕樹下，滿滿的都是鐵桌子，一旁不同的攤商。我從來不知道，在台北市有這樣一個地方，在廟前的埕，人們開心地吃食著。

舒老師說，來，我帶你去吃個滷肉飯。一群人就穿過一張張的鐵皮桌和人群，來到最邊邊，在樹下鐵皮桌邊坐下，一旁就是馬路，機車從我身旁呼嘯而過，感覺不太台北。

舒老師幫我們點菜，他點了盤滷豬腳、白菜滷。他說，台灣有許多台灣之光，很棒，但是台灣也有許多幽光，幽微之間，藏著許多厲害的細節，像這道白菜滷，非常道地，吃進嘴裡，滋味浮現時，美好都被完全掌握了。他又點了碗竹筍排骨湯，提醒店家讓湯再煮個十來分鐘，祕訣是彼時那排骨已經煮透，湯汁吸飽了肉香，搭配清爽的筍子，喝上一口，就知道甘甜怎麼寫。

舒老師說，他平常不是吃這家，不過，這家是孫大偉最愛吃的。

● 好好地吃故事

你大概可以發現，我在做什麼了吧？

我試著想告訴你，做為一個文案，我們去吃東西，不是在吃東西，我們在吃故事。

小小跟我講他從前自南海路走到西門町胡鬧的故事，我馬上拿出筆來記下，總覺得下次可以把它放進某個腳本裡；我們在清水祖師廟旁吃的炕肉飯，卻可以因為我們扭曲的磁場，變成大阪清水寺。

還有還有，那個在咖啡廳二樓看到有人拍照、寫字條的故事，你覺得文案該是哪一個人呢？——我的意思是，那個走近人家的機車，好奇於上一個人寫那張紙條的人，我就會找他當文案。

什麼意思？因為他好奇呀。

他好奇別人的生活，他會花時間去觀察，並且不厭其煩地停下來，駐足觀看。他也許懂得隨時保有一種餘裕，隨時可以讓自己打開毛孔，隨時眼睛都是張開的狀態。

他留意一切不平常的事，他也留意一切平常的事。而這，勢必會讓他有許多不平常的故事。

像舒老師，他信手拈來，就是故事，都是迷人，都是魅力。你會說，哎呀，因為他是老師呀，我們又不可能那樣。但我發現舒老師到哪裡都跟人聊天，不管是滷肉飯的老闆、鼎泰豐的老闆、清粥小菜的老闆娘、咖啡館的服務生，他每位都聊，每位都跟人家打成一片，好像是多年的好朋友，明明就才剛剛認識，他問對方的生活，他讓對方自然地暢所欲言。

我在旁邊的學習是，你就聊天吧。

如果連舒老師都那麼認真地聊天，我們又有什麼理由害羞？

我常常在想，當大家的能力都接近，對於世上的各種傳播工具的操作也都熟悉之後，那麼，比的到底是什麼？——我覺得，是生命，是經歷，是閱歷，是故事。

你的故事量大，從中挑選出來，跟人分享的就不一樣。

你可能只有一種人生，但並不妨礙你去理解別人的人生。

文案要用力吃的不只是美食，是故事。

我爸的鋼筆

安平古堡的白紅蚵灰古牆上投影的是台荷足球賽，黑暗中，地上滿滿席地而坐的人。唯一站著的，是鄭成功的雕像。

我葬禮後也過來看，晚上不知道要幹嘛，小孩嘰哩呱啦的。她跟阿公很親，也很難過，但不知道為什麼，就是沒有表現出很難過的樣子。

我爸十五年前說要搬回台南住，說空氣變好了，他想要每天跑步去海邊，而且台南物價低，東西好吃，沒道理不住台南的老家。我也覺得對，台北房子對我們來說，是不太舒服，我就和先生討論，一起回來台南，要開會再上去。不過，因為現在會議幾乎都是線上的了，我們就也不常去台北了。但很偶爾，女兒會說要去看看那些傳說中的大樓，廢棄的大樓，現在沒人住集合式住宅了。

＊＊＊

我今年四十四歲，我女兒五歲，我爸八十三歲。

我不太記得我在我女兒這年紀的心情，我只記得，有一次，應該是五歲的時候，我爸爸開著我們家的「大黑狗」載我去幼兒園（對，我們的車子都有名字，另一個是「藍鳥」）。我那天不太想去學校，但我忍耐，沒有說。起床後，刷牙洗臉，穿衣服，戴上口罩，穿襪子，穿鞋子，上車。

一直到校門口，老師幫我量額溫，在手上噴酒精，我爸跟我說再見，然後我就哭了。我的口罩是熊貓的，我還記得。我爸不喜歡熊貓，他都開玩笑說那是間諜。我爸那時馬上抱起我，我繼續哭著，我在他肩膀上哭，他一直說「沒關係」，我猜，他不知道說什麼好。他說等等就來接我了，我說「不要」。

我一邊在我爸的肩膀哭，靠在他的長頭髮邊，一邊看到校門口的旗子是綠色。綠色表示空氣好，可以在外面玩。我心裡想，等一下在學校應該可以玩追來追去，「來追我啊」，是我那時候最喜歡說的話。

我其實也不太知道為什麼哭，好像是因為前一天早上我去上跆拳道課，中午比較晚到學校，到了以後，在整理書包裡的東西時，同學都已經在喝湯了。老師說數到十，就要改為盛飯，我就哭了，因為我想喝湯。

那湯其實應該也沒有什麼好喝的，但我想喝，想跟大家一樣。

我想起來，那一天放學時，我爸又開著大黑狗來載我，我們送籃球去給乾哥當生日禮物，他很愛打籃球，是國小校隊。國小要畢業那年，我們一家帶他去美國看NBA，他很幸運有看到，因為幾個禮拜後，NBA因為新冠病毒肺炎就停賽了。

＊＊＊

不知道為什麼，我看到我女兒邊洗澡邊哭的時候想到這件事。

我女兒沒有在葬禮上哭，她唱歌，給她阿公聽。

她唱，我哭，每個人都有要負責的事情。

我們沒有住在老家，我們住在附近的新社區，就是現在流行每戶都有自家菜園的基本簡配型，離老家開車十分鐘不到。所以，我們幾乎每天都會回老家吃飯聊天，直到要睡覺才回我家。

我爸老的時候，變得有點奇怪，不過那個奇怪，還可以忍受。他每天寫一首詩給我媽，雖然我媽也沒有多高興，不過旁邊的人說浪漫時，會點點頭，笑一下，但你知道那種笑，就是你們的話我聽到了，但沒有認同，謝謝。

很她的作風。

隔壁的邦聯自從四十年前的病毒危機後，世界各國陸續把工廠撤出，台灣的空氣就變得好許多，至少，我開始在國中學校裡跑步時，就不必再看旗子顏色了。我記得，那時問爸爸，你確定我今天跑步不必戴口罩？他查了查手機裡的ＡＰＰ，笑著跟我說可以。我那時是田徑隊的，每天早上都要練習，跑來跑去累得要命，但我很喜歡，因為不必早自習。

***

我爸留下的鋼筆，都變成我的，我也還不確定要賣還是要留。已經有幾個同好來致意時，跟我說，他們可以幫忙。

我也還不想去想這件事，我看著我自己手上這枝，我爸說是我抓周時抓到的，一九九二年的海明威，是文學家系列的第一枝，我現在還是拿來寫，現在就是用這寫這篇文章的。

我爸以前很愛說，他是荷蘭人的後代，台語的「唬爛郎」。我問他，是真的嗎？他都笑著說，是真的，真的唬爛。後來我查找了些資料，可能是真的。當時候的安平，有許多人跟荷蘭人通婚，生下的孩子又繼續跟漢人通婚。我們家據說是跟鄭成功上岸的，然後就沒有離開，一直在安平古堡旁定居，保護國姓爺，儘管，後來鄭家的後代被清兵給抓去了北京，我們還是留在安平。我爸都笑說，應該是因為我們家的祖先太害怕了，都不敢往外走。而他自己倒是十八歲後都在外面，直到老才回到故鄉。

我對他過世一直還是沒有什麼真實感。

＊＊＊

再講一下鋼筆。

我們家其實有兩枝海明威，一枝在我手上，一枝在他手上。他最愛跟大家說的笑話，就是他手上只有一枝鋼筆。從我小的時候，他就很愛講這個，雖然大家都知道他有上百枝，雖然他講的時候我媽都在旁邊翻白眼。

我有問他，這枝筆或其他幾枝，有要跟他一起「去」嗎？他從床上爬起來說，不要吧，火化掉都融了，這樣很奇怪，他身上會黏一堆筆耶，一邊講一邊笑，好像很好笑，笑到有點停不下來。然後，他又說，墨水倒是可以放進來，那瓶百樂的冬將軍，這樣燒完，他的骨頭會是藍色的，撿骨的人一定會嚇一跳。

我當然是笑不出來。

他那些筆友也都老了，很多跟我一樣是二代，也不是很知道要拿這些筆幹嘛。我有想說拿去賣，筆店是我從小就常跟他去的。有時媽媽去洗頭，他便說要帶我去公園玩，裡面就會有十分鐘左右是在筆店。

我記得有一次更好笑，我和他去一個工作室喝咖啡，喝完要去他的編輯家裡吃甜點。出發時，在身上翻老半天找不到車鑰匙，結果打電話給媽媽，原來是不小心被她帶走了。但媽媽那時已經坐捷運到了城市的另一端要開會，來不及拿回來給我們。

爸爸想了老半天，本來想搭計程車去編輯家，可是，想到結束後，週五的下班時間，整個城市會塞滿車，他好討厭塞車。他拿起電話打給編輯說，抱歉，今天去不了，車鑰匙在老婆那裡。

編輯當然第一時間聽不懂，他解釋了老半天，講得很抱歉，額頭都快出汗了，雖然我心裡很想吃那個編輯剛烤好的瑪德蓮（真的很誇張，有人會在家裡自己烤那種東西）。他一邊講電話，一邊拉著我走，過了個大馬路，往下去，進到一個停車場。

我說：「欸，把拔，我們車子不是停這裡呀，是剛剛那個地上的停車場。」他馬上笑出來，那種我這輩子看很多次的那種笑，就是被抓到的笑：「沒有啦，我想要去筆店看一下，從這個地下道下去停車場，穿過去比較近，妳還可以走噢？」

後來，他就在那家店提了一個大盒子走，裡面裝的是他剛買的筆，那天是陰天，可是滿悶熱的，我滿頭汗，他也有一些，我抬頭看，他臉上堆著笑，低頭望著我。

我心裡想，這個人笑得好白癡，但我沒說出口。不，我好像說出口了，我說，把拔你笑得好好笑。

後來我們又回去那個咖啡工作室，等媽媽開完會拿車鑰匙回來，我記得爸爸給了我一個小本子，說是在那家筆店買要給我畫畫的，我一邊畫一邊想，這算是一種買通吧？

＊＊＊

我這輩子好像就一直被爸爸買通的，長大了。

我記得，我考上大學時，他叫我跟他坐一下。其實，我知道他要拿筆給我，只是不知道會是哪一枝。你如果問我喜歡哪一枝，我一下子也答不上來，我都還滿喜歡的。

台灣現在做為亞洲創意中心，聽我爸說，和四十年前病毒疫情大爆發有關。

他說，那一年，許多學校企業都停擺，好避免人群聚集，全世界的人都在家上班外，很多經濟活動暫時停止了，也有許多人因為這段時間被迫停下來，在家和家人相處。有的人就會發現，自己其實和家人不熟，甚至沒有共同話題，那些平常看不見的問題都開始浮現。聽說，疫情結束後，離婚的人數增加很多。

不過，他說，**這也是一個奇妙的淘選方式，你停下來仔細看你的人生，仔細看你旁邊的人**，儘管本來就在你旁邊，但是因為你平常累翻了，你回家根本沒有正眼瞧過，等到你現在有餘裕了，你仔細看，卻發現你旁邊的人跟你的印象不太一樣，那對許多人都是種衝擊。

後來，去照鏡子，也發現鏡子裡的人跟自己想像的不太一樣。發現自己跟鏡子裡的人不太一樣。或者說，鏡子裡的那個人跟你以為的有差距，長得較醜、看起來較無趣，或者，不想看到他，都是改變自我的開始。

人們開始追求形而上的東西，追求內在的平靜，而不是經濟上的大量消費。大家想要好好活，或者至少在死亡面前感到平安滿足，文化創意變成世界上最珍貴有價值的東西。

我沒有忘記要挑戰他，我說，拜託，全世界的大家都隔離啦，那，為什麼台灣成為亞洲文化創意中心？

他笑了笑，又是那種被抓到的笑，然後說，因為台灣那時位在病毒的發源地旁邊，可是防疫做得早，所以死亡和感染的人口比例都較低，是全球的前幾名。據說，最後除了些資訊不透明的國家外，應該算是第一名。

許多原本的歐美進步國家，在當時幾乎都束手無策，義大利的感染後死亡率竟然到一成。全球都對台灣獨特的結果感到好奇，也是從那個時候，台灣從電腦、手機代工業的國家，慢慢被國際看到，慢慢產生「到底台灣人是怎樣的人」的好奇心。

而文化來自於歷史，台灣並不是有長久的歷史，但卻有充滿爭議、奇妙的現實狀態，當時很特殊的國家定位，許多國家都跟他有往來有做生意，但沒有承認他是個國家。

但這個不被承認的國家，卻又創造了一個危機裡的防疫奇蹟，人們開始關心這個有自己的軍隊、政府、選舉制度的地方，並且對他長久以來被低估的韌性，有了好奇。

而且，台灣跟以前的柏林很像，有許多大時代底下的悲劇，有分隔四十年沒見面的家人，有因為讀書就被當作思想犯抓起來的白色恐怖，也有族群融合之間的衝突，當然，最重要的是，當時候很嚴重的國籍認同問題。

那創造了許多故事，那不是一般國家人民可以想像的。

當一個地方的人們爭論自己到底是誰、自己是什麼人的時候，政治上極大的衝突分歧，一般人生活裡自我認知的錯亂，那可能是一個文藝復興的開始。那些爭論，那些自省，都變成了創作的養分，不管是小說、繪畫、音樂、電影，各個領域都有人開始把這拿來當做素材，創作出作品來，而世界各國在當時因疫後吹起的「台灣熱」裡，自然就也影響了許多評審。坎城影展的最佳影片落在台灣時，我爸說，全台灣的人都很高興，比王建民上洋基隊還高興。

我說，是那個巴拉圭的洋基隊嗎？

我爸說，那時洋基隊還在紐約，紐約以前是個繁華的城市，人口數很多，但因為那次疫情，死了很多人，也讓人們開始思考高度都市化的非必要性，那除了帶來傳染病的爆發，還有原本惡劣的生活條件。疫後遷居離開紐約的人很多，許多人不想再待在那個傷心地，因為太多家人喪生了。後來洋基隊就遷離紐約了。當然，也和那時有幾個球員過世也有關係。不過，現在沒什麼人看棒球了，我也不太確定。

總之，台灣在疫後突然以一個文化新興國家的姿態崛起，許多跟文藝有關的，人們就會指定要台灣貨。我爸說，那真的是很奇妙的時代，突然間，整個島上的人都在創作，都把自己家族裡的故事給挖出來，藉由網路，分享到世界去。

世界不只看見台灣，某種程度，崇拜台灣。

當然，鄰國變成邦聯，也像每個現在國小課本裡都會寫到的一樣，有極大的關係。

簡直就像現在台南電影圈常說的傳奇，蝦米打贏大鯨魚。

雖然大鯨魚比較算是被自己身上的病毒給分解的，可是，長遠來看，一個大小跟歐洲一樣的地方，確實應該要像歐洲一樣，由許多國家組成才對。那對裡面生活的人民來說，比較輕鬆，也比較不會有為了維持而產生的巨大壓力。

＊＊＊

就算是在還不被承認為國家的那個久遠年代，台灣玩鋼筆的人，都比許多國家來得多。有個德國品牌叫做百利金，每年會有一個百利金日，就是在世界不同的城市，舉辦一個筆友聚會。台灣在那時連續許多年，都是全球最多筆友相聚之地。我爸就笑說，拜託，全球的筆友們可能都不知道台灣的總統是誰，但都知道台灣的筆友很多，甚至知道台灣光一個城市就比許多國家整個加起來還多。

今天的台荷足球比賽是由台灣前國手吳憶樺領軍出戰世界排名第一的荷蘭隊，是八強賽的第二場。吳憶樺做為拿過歐洲冠軍盃的前職業球員，後來擔任台灣國家隊教練，大家都很期待。我記得我小時候還有看過他的比賽，台灣也在他從巴西回來後改變了體育政策，全力發展適合台灣人體型的足球，還是全球最多人看的運動，商機很大，光台灣的T League就有十隊，每個城市都有一隊，下面還有三級球隊一路延伸到幼兒園。

這套育成政策是學德國的，讓所有孩子踢足球，廣設足球才藝班，用二十年的時間培養，創造一整個世代的足球員和足球愛好者。結果台灣現在是亞洲加上大洋洲最強，除了月球那一隊，大家都說台灣的運動發展實在有夠快速，有人說是台灣奇蹟，其實跟做綠能一樣，好好做就有結果。

台灣現在也是綠能技術領先國家，其實一開始還不是，因為國土沒有礦產，只好尋求太陽能風電，沒想到，現在變成靠這個在技術外銷，每個國小學生都可以跟外國人談能源永續策略，也是一種奇蹟。

我爸愛看足球，可惜這場沒能看到，台灣這次舉辦世界盃，我看，他最高興了。那天我看他還和我女兒用鋼筆在畫賽程表，做對戰組合的排列，兩個還可以討論球隊陣型，隊上的明星球員誰會中場傳輸，前鋒又如何停球後勁射入門，全場歡呼，整個球場從上方撒下芒果啤酒，大家狂笑跳躍、張口大喝……祖孫倆講得活靈活現，還轉頭跟我說，他們在播報的是冠軍賽。

我也記得，當初我爸用那枝鋼筆寫信給總統，鼓勵她要爭取主辦世界盃的樣子。信還是我幫他送去的。

可惜，預賽開打時，我爸就陷入昏迷了，一個禮拜，就有事先走了。

＊＊＊

我把我爸的海明威鋼筆鎖進保險箱裡，那枝以後要給我女兒。我心裡頭跟我爸說，爸那我帶小孩去安平古堡看球了。

多希望，此刻，他跟我們一起坐在地上。

我轉頭看，右後方有個老人，坐在地上，暗黑裡，模模糊糊的，不太清楚。不過，我覺得他臉上的笑容好像看過，很像那個被我抓到的表情。

●文案的企圖

前面是一篇虛構的短篇小說，刊登在雜誌《新活水》上。

很多人會以為寫在平面稿上的才叫文案，寫在影片上的才是文案。

其實，**文案就是不同的文體，文案這個身分也應該要能寫不同的文體**。從菜市場鐵門上的噴漆，到跨海大橋下的幽暗橋墩上的塗鴉，再到營區裡隨處可見的標語，應該都是文案。

那短篇小說呢？廢話，那更可以是。它印在雜誌上，出現在報紙副刊，基本上就滿足了廣告媒體上的基本需求，在人們可以碰觸的地點，更好的是，人們的防備心更低。

觀點是個女兒，時間應該是四十年後。

我這篇短篇小說，想談的是什麼？

是鋼筆？是自況？

或者，你也可以拿來談自身認同。

當然也可以是對世界局勢的期待。

淺顯易懂的是，自然也對台灣未來的體育發展有些期盼，要是把這當做台灣足球協會的平面廣告，其實也很合理。

我要提的是，這幾年，我們都聚焦於數位技術，可是不要忘記那就是個技術，**人們在乎的還是故事**，而小說做為故事的載體，當然可以拿來當做一個可能的素材。要是擔心平面媒體的普及性，你只要把它放在各種社群媒體，怕篇幅長，就切分成五段，連載也是種趣味。

當然，要是，這是個咖啡品牌的作品呢？

我想，也很清晰，氣味也不差，甚至搞不好可以跳出過去咖啡品牌非得假裝在歐洲咖啡館裡的窠臼。咖啡引人思考，讓人思索，更是和文學最靠近的品牌，可是，如果讓文學談論的不只是莫名的愁思，而是更貼近生命的當下片段，會不會更加入世？

你當然可以邀請十個小說家，各就當代他們關注的議題，一人一篇。若需要影像傳播，可以邀請名人來好好的朗讀，比方說請張鈞甯，當她一字一句地唸來，我相信，這不會是個太差的作品。

重點是，會不會有點不一樣？

如果，已經厭倦了作品的平庸，其實，回頭找人類過往的美好，不會是個壞方法。

尤其當大家都忘記的時候。

這枝139古董筆,現在不多見,而筆尖寫感真的十分流暢,時間應該是在二次大戰前,判斷方式是合上筆蓋後仍可以看到部份的墨水視窗,稱為長墨水視窗版.若以年紀論,也是八十歲左右的老先生.但能力毫無減損,非常強悍,而海明威其實就是脫胎於這位的第大師的大師

我凝視著我

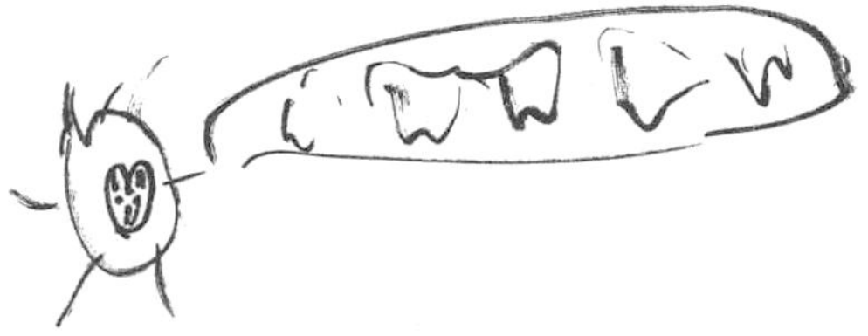

● 午夜的咖啡和爵士樂

開了整天的會後，好不容易上床休息，左邊脖子往上一路延伸到頭，隱隱作痛著，我伸手按壓。抱著一疊書稿，想說看個一頁好了，結果，看了一夜。

我的女兒跟我說完故事，早已安靜地睡去，濃厚的呼吸聲傳來，身體跟我呈九十度垂直——簡單說，她睡在枕頭上，靠著牆壁，頭頂著我的手臂。

在我們家，從起床就聽爵士樂，多數是邁爾士．戴維斯（Miles Davis），女兒喜愛他的〈*Milestone*〉，常會要求要聽，因為那前奏規律有趣，我們都說是日本繪本童話《古利和古拉》的主題曲。兩隻小野鼠提著籃子，在森林裡撿拾著食材，有時撿栗子，有時撿到一顆蛋，他們散步在森林裡，聊著天，唱著歌，我和女兒覺得背景音樂很適合用〈*Milestone*〉。

當然，這僅只於我們家，邁爾士自己不知道，古利古拉也不知道。

我走出房間，點開書桌黃色的燈泡，打開櫃子，看著咖啡豆的褐色包裝，上面寫著衣索比亞谷吉產區罕貝拉布穀阿貝兒日曬處理廠G1，這支豆子很特別，是我特地從我的家鄉安平，麻煩Stay Café寄來的，我看著它，我在想，半夜兩點喝咖啡，適當嗎？這樣會不會太芮尼克探長？

我想起，父親。

我的父親

父親的肝臟一直在看醫生，我每三個月就會跟公司請假，從台北回台南陪他看醫生。醫生在奇美醫院，是百大名醫，所以，我們每次看診都要花上好幾個小時。

有時掛不到號，爸爸得在凌晨五點從安平騎摩托車七公里到醫院，天光未明，在彼時幽暗的醫院門口，那個無人的桌上現場掛號的塑膠盒裡，放入健保卡。然後再騎回家，接著再去醫院，通常是十點半前報到，但大概要到下午一點多兩點才看到醫生。

而我就是當天從台北搭高鐵回去，陪他去看醫生，陪他去檢查。

在擁擠的醫院長廊間，看著其他長輩坐在等候椅上，我有時會接到公司同事打來的電話，那時我會有點慶幸，因為討論關於廣告idea，似乎可以讓我短暫脫離眼前絕望晦暗的處境。

那些idea都牽動了幾千萬元以上的品牌行銷，我可以快速地給出判斷，並且立刻再想出五到十個不同的想法。我想很快，邊講邊想，講完一個之後又會立刻想到一個，我似乎有些天分，跳躍得極遠，可以把Z素材拿來比喻A概念，讓人在聽到這個想法時恍然大悟，並且感到十分有創意。但，我對我父親身上的細胞，卻毫無辦法。

嘈雜，許多時候是代表生命力，但醫院裡的，不太一樣。

我看過許多人，從那小小的診間出來，臉上滿是迷惘，好像幼童，但那臉上卻明明滿是皺紋。身旁相對年紀小的家人，則是嘴裡不斷叨唸：「沒關係，沒關係，我們再來處理。」處理，台語的處理，唸起來一如國語的粗礫。總讓我聯想到眼前的路，一如海軍爆破大隊蛙人結訓的天堂路，以碎石及珊瑚鋪成，滿是粗礫。

我也曾經跟公司請了一個禮拜的假，協調了數日的職務代理，跟合作夥伴協調延後提案時間，跟部屬拜託支援，好陪父親入院準備手術。結果，住了三天，醫生說父親的身體狀況不佳，某些臟器功能指數過高，手術必須暫緩。

面對人們追問，除了謝謝關心外，我試著說明父親的病況，儘管我根本也不是太熟悉那些醫療字眼，心裡難免也有種奇特的隔閡感。你臉上的微笑我很感激，但我們彼此也不是很懂我在說什麼吧，還有，我到底要用什麼方式讓你知道，那些純白的空間裡滿滿都是抑鬱的情緒呢？

但真正難以前行的，可能是捨不得吧。

我和父親關係密切，從小到大，他沒打過我，只罵過我三次，任何我想做的事，都沒問題，就算留長頭髮，也只說，大學畢業後就不要留了好不好？而工作更是毫不限制，也不曾要我負擔困難家計。

就算不以父子情感濃厚而言，這人，是我認識最久的朋友。你捨不得朋友受苦，你捨不得朋友遠行。

我自己清楚，有時那刻意拉出的距離感，是因為知道我很愛父親，父親即將出發前行，我們被留下者卻缺乏旅行指南，不知所措。我在心裡小心翼翼地拉開距離，以為可以讓自己適應後來的距離，然後在之後，又痛痛地恨自己當初留下的那些空隙。

日後，為了紀念他的離開，我開始留長頭髮。

我的星際旅行

我很晚熟，直到高中畢業，才知道要交女友。

卻意外地發現，愛情是場怪異的星際旅行。你搞不明白那個前去的星系，對於那星球的生態不甚理解，你對於那星球一天的日出日落時間還摸不清楚，也才知道太陽月亮可以都是複數，不太知道季節更迭是一年四季還是四十季，而還很好奇於生存之道時，你又被逐出，到了另一個銀河系，或者更多時候，是在星與星之間的黑暗虛無裡，漂浮。

有時你望向天空，天上那麼多星星，卻沒有一顆是你的星球。

不，這話語不真確，他們本來就不屬於你。

你總是在找吸引你的星球，你總是在找你可以活下來的星球，而那顆星球的大氣組成方式，脆弱如你可以呼吸，可以生存下來；你的骨骼架構，符合這個星球的重力，你的肌肉能夠抗衡，做出合適的活動，你想要找到一顆星球住下來，到時間盡頭。

真正的問題是，你到得了哪顆星球？

但有時，到得了，也不一定是最安全的結局。

很偶爾的，你會看見流星，發著亮光，掃過天際，但很抱歉，那只是一個宇宙中的小星球，被另個星球吸引，那吸引力如此大，緊緊拉住它，在經過大氣層時，將它燃燒殆盡。有人說那就是愛情，也有人說那是必然發生的，希望不是你。

你被哪顆星星吸引？

哪顆星球會是你的歸宿？

芮尼克探長，在喝過那麼多杯的咖啡，那麼多的威士忌，有時是那麼多的咖啡加威士忌，他還是在夜裡，困惑著。有時身旁有貓，有時身旁沒有貓，有時身旁有貓睡著，有時身旁只有他睡不著。

你不知道，你沒有關於這顆星球的任何資料，你得抵達每顆星後才曉得，並且，很多時候，那是跟生存有關。

●愛得死去活來

關於愛的故事。謎團在，謎團靠偵探們破解。

而最大的謎團在生活裡，你怎麼知道你愛的人？

你怎麼知道該如何繼續和你愛的人前行？

做為生命裡的迷途者，你怎麼知道哪一個並肩的會是你要的答案？

而剛好你也會是他的答案？

而擁有的線索，如此稀少。

常常，書中的一個角色殞落時，我深深地喟嘆了。夜裡，黃色的燈泡光線中，我彷佛清楚看到我吐出的那一口氣，清晰具體，伸手可摸，一如我的靈魂。

我們都可能成為那靈魂。

靈魂在受苦，發出了低淡的哀鳴，而努力想靠近另一個靈魂的靈魂，是不是常常得忍住心裡那常冒出的疑問，我們是不是在哪個街口轉錯方向了？

在某個時間點的決定，在某個時間點的沒有決定，那聚合成了我們，那題目在夜裡彷彿廣告招牌，矗立在我們的枕頭上。閃亮亮的光，照在我們臉上，照在我們緊閉的眼皮上，讓人失眠，睡不去。冷光，不再是手錶，是那天之後，我們的悔恨，並假裝不。

但我依然相信，迎著，衝上去，一如每個主角，奔跑用不再輕盈的身軀和心，那是唯一解，也是最佳解。

文案的愛情

我常常認為**不懂愛，就不懂文案**，只是識字而已。

許多人誤以為把文字寫得優美，就足夠了，就會有人想看。

但那只是文筆優美。意義不大。

真正優美的情懷一定來自於一份感情，一份你看待世間，用比常人溫暖有精神的語氣，和生命對答如流，或者不對答如流，只是支吾。這樣說來，我可能還更加相信支吾的文案呢。而你總不會認為支吾是文筆優美吧。

可是，支吾，有時真心，有時反而打動人。

我的父親在彌留狀態時，講的話語並不流暢，甚至只是重複的字句，不連貫，可是，那一個字一個字都刻在我心版上。因為他直到最後還是惦念著我們，惦念著一直以來沒有對他說出太多優美話語的我們。

那就成了扎實，那更承繼了命脈。

而命脈不一定是血脈。

多數時候，我們和讀者之間也沒有血脈關係，可是，我們氣血相通，彼此理解，更甚於某些家族中的兄弟姊妹。我常說，這就是傳統所謂的「異姓兄弟」。你不掏心掏肺，又怎麼會有交心呢？又怎麼會有人願意買單你的作品呢？

你只是想產出些字的話，其實，真的也不要忙。世上還有更多值得你做的事，躺著不動也很好，也不會浪費地球資源。

要就，真心誠意，用盡全心全意。

那些虛假，你自己都不相信的，就不要寫了。

這個工作沒那麼了不起，那些錢沒那麼大，不應該買下你。你不值得出賣靈魂到那種程度。

但，這個工作也很了不起。

你可以把你的心思意念放進去，而且是全放，不必保留。

人們可以輕易感受到你小學時候的初戀，也可以感受到當初被老師責備時的羞愧和不甘，也可以感受到你的父親大手的溫度。如此奇妙的工作，可以讓你可能已經塵封的記憶，都再度復活過來，這個工作，實在有意思。

最好的是，人們謝謝你，你也讓他的記憶活了過來。

他想起當初一把拉起在走廊上被惡霸欺負的同學時的勇氣；你或許讓他想起自己有勇氣揭發公司正在製作的黑心商品；你也可能讓一個正準備去聲色場所應酬的中年上班族，想起小時候爸爸提早回家陪他吃飯、捏他臉頰的溫暖，你讓他決定今晚回家吃晚飯。

你什麼都可以做到，你只要有你就夠了。
只要你愛你。
你記得愛你。

III

文案是
我們想知道的東西

做一個誠實的文案

偽裝並不悲傷

做一個誠實的文案

我在深夜兩點看著書，夜裡靜悄悄，很適合一個人。

一個人死，或者一個人活。

一個人又一個人死，一個人試著活。

幾乎可以說是短篇小說的教科書了。

我正在聽的是NIRVANA的《*In Utero*》，第一首歌是〈*Serve The Servant*〉，服侍僕人們，主唱柯特寇本（Kurt Cobain）唱著：「當我的骨頭成長時，它真的很痛，它讓我痛得死去活來。／我那麼努力的想要一個父神，但取而代之的，我竟得到一個爸爸。／我只是想要你知道我再也不恨你了，我再也無話可說除了那些我以前想過的。」

許多經典的搖滾樂，都不是在跟你唱爽的，他都是在跟你對話生命，生命裡那些難忍的苦痛，那些真實，那些你午夜裡冒出來，感到虧欠，感到抱歉卻從沒說出口、也不打算出口並因此成為一個無路的出口，感到難忍而平常一直表現得好像很能忍的那些人物。

怎麼喔那麼適合眼前的我。

你呢？

我是說，**你最近有安靜地面對自己的生命嗎？**你從小到大，遇見了幾萬人，總有些是放不下、離不開的，儘管物理上，你和他相距幾百公里，但其實，你們總是相聚。

午夜夢迴，和他聚在一起，用別的方式。

你自己知道的。

● 活者的召魂會

在這時節，生命就算不是秋季，恐怕也不再適合用春季來看待。一大群自指尖掉落在世間散落一地的人臉，陸續透過河流帶回到身旁，一如年度計算總帳。

這張長長的財務報表裡，滿是血淚傷痕，資產負債表中的進項和出項，來回抵銷，沒有無法負載的，更沒有可以忘懷的。每個憑據，終歸是需要核銷的，終歸是會有憑據的。當我驚愕地看到有人先行離去，我在異地，看著自己在原地，彷彿只為了讓人可以道別而存在，或者，不告而別。

我們每個人都是座車站嗎？

我一邊想著一邊讀著，口乾舌燥。你會有那麼點理解，人們需索威士忌，一如威士忌也需索人們的悲劇，彷彿只有這樣，才有味道，才能醞釀出隔日將來的頭痛欲裂和悔不當初。

我想著，噢，不對，誰都離開過，離得遠到不能再遠，離到一個地球之外，離到一個極端。一個溫度和極北相反的異域去，只是，就算逃過，但無法逃離。

怎麼會這樣呢？

點起了蠟燭，召了魂來，那些靈魂也都來了，那些總是愛著他的，和礙著他的，都來了。他自己卻缺席了——在那一長段的印象空白後，接受死訊。

●斷片

我還滿討厭斷片這個詞的，畢竟，我是影像工作者。但我也知道，社會裡有不少人渴望期待，週末就能夠藉由不同方式，斷片。

做為上班族的你我，當然清楚，偶爾的斷片，健康且適切。因為正片太難看了。寧可忘記，寧可什麼都不記得。

有的人找來朋友，藉助酒精，可是得花上些力氣，好不容易才進到那狀態。並且，讓某些朋友想說，到底為什麼要找他來，難道只是為了可以忘記找他來嗎？還是只是為了讓人可以在那特別的時刻，可以把你安然地送回家中，享受一個安全的斷片？

有的人找來朋友，藉助酒精，可是也花些力氣，並且百般設想地要讓朋友失去意識，進入斷片狀態，難免也讓人會好奇，真的有把對方當成朋友嗎？還是只是期待對方退化成物體，好行使對物體的駕馭能力，而那，又該是多麼巨大且可怕，對權力的崇拜呢？

無論如何，正片太難看了，你又無力改變結局，它持續放映著，你宛如《發條橘子》（*A Clockwork Orange*）的主角，眼睛被猛力撐大，緊盯著銀幕，看著屬於你的人生正片。你對這場電影最期待的是，你期待斷片，那是一個休止符，也是一個美好的逗號。

你總是這麼以為。

那要是斷片讓正片，改變了呢？

那本該是個暫停，讓球賽繼續的；那本該是個無傷大雅，只是週末夜狂的；那本該是可控制的，那是個異想但無礙於現實的。

但對於導演而言，真正的斷片，發生時，一部電影就已經毀了。那不是他設定的靜止無聲的黑畫面；那不是時間流動，而你感知不到影像聲音，因此促使你去思索前場戲代表的意義，並且期待等等隨著銀幕亮起，將開啟另一場戲。

斷片，讓人斷了一個記憶，並被迫面對人生最大的恐懼——噢不，也許，對我而言，最大的恐懼——什麼都可以失去，也不斷用自己方式創造失去的他，怎麼可以失去她呢？

● 叫醒

我總是在深夜裡讀書，你知道那有多麼為難，我多麼想叫起已在夢鄉的家人。我多麼想這麼做，並且勸阻自己，按捺住打開臥室房門的衝動，按捺住想側耳在家人身旁，偷偷地說：「嘿，誰都不想失去最不能失去的。」

我討厭起床。

應該說，被迫起床。睡到自然醒，是種理想。

而理想的後面，通常接的是破碎。而叫醒別人起床，比起床，更讓我痛恨。

要叫別人起床，自己得先痛苦地起床，那不會是舒服的，而當自己已經起床，卻還得忍受別人正在睡著的狀態，難免讓我心生不平：憑什麼，你還可以睡，就算只比我多睡十秒，你就是比我多睡十秒，可惡。

然後，叫人起床，意味著，你得忍受別人可能的賴床。你得再度忍受自己花力氣，再次重複做一件對自己無益的事，並且這件事，不但無趣且在製造他人的痛苦，而你明明也還想睡。

這真的很煩。

文案該讀推理小說

讀推理小說，很多時候，很像在叫別人起床。

你試著讓自己像個先知，試著比主角更早意識到案件的真相，試著比主角更快發現真正的敵人，並且試著讓自己在理解謎團後，盡其可能地想出解決事件的方法。

那常常意味著，你覺得主角還在睡，在這團迷霧裡，你比他清醒，你知道走出去的方向。

我看著主角，東奔西跑，幾乎把生命裡所有的人物都倒過來翻找了，把所有的恩怨都拿回來清算了，卻依舊在混亂裡，在迷霧中，在苦惱，在痛苦，在無可奈何。我也想叫醒他，讓他在惡夢裡醒來，只是現實到底如何，我也沒把握。那也讓我痛苦，並且極度期待地想趕快翻到下一頁。

在構築的廣告創意裡，思考的邏輯很多時間跟推理小說一樣，**創造一個謎團，好讓人好奇，並讓對方在解謎的同時，享受到樂趣**，好在最後得到我們精心準備提供的訊息，並且不生氣。

文案很多時候跟作者一樣，面對看不見的讀者，然後又試圖看見他們的面容，冀望自己的作品，在他們的生命裡有那麼點微小位置，儘管許多時候不可得。

我們一起在時間裡，追尋、追殺、追求，並且追上了自己的尾巴。

我總在闔上書頁時，嘆了一口氣，謝謝自己。那些臉孔，也在水中，從我身旁漂過，流走，不知去向，但指證歷歷。我安靜地跟他們道歉，並道別。

不斷提醒自己，做為一個誠實的文案。

同時，偽裝我們並不悲傷。

認真做
喜歡的事

搞定自己想要的味道

戴上你的防毒面具

當兵時要測試戴防毒面具，這對我來說一直是件大事，因為戴不好，挨罵就算了，那可是要禁假的。對崇尚自由的我來說，是天大的事。

測試戴防毒面具，必須要很快速確實，聞口令時，迅速夾槍，把槍放下，立起，夾在兩腿中間，卸下鋼盔，掛在槍口。這邊要很快，但也要很小心，因為你貪快，鋼盔可能就會掉，掉下去除了發出巨大聲響外，馬上會引來更巨大的聲響，班長馬上會衝過來：「要死了噢，你的頭破了啦，敵人本來沒看到你，都被你吵醒了……」一股腦地在你耳邊大吼。

要是順利，接著要趕快從腋下揹的攜行袋，打開袋口，拿出防毒面具。這裡也有技巧的，袋口有個扣，你要先把它打開，再輕輕地扣上，好讓自己再拿出時可以快一點，而不是卡在那裡，影響速度。但也要小心，要是袋口沒扣牢，可能還沒測試，防毒面具就落到地上了，又是唏哩嘩啦，被罵一通。

取出防毒面具後，要快速把防毒面具戴上。戴上的技巧，就是要先把上面的兩條黑色橡膠帶子，用力往腦後甩，然後，雙手快速往後拉著帶子用力拉，拉緊，然後用手快速檢查面罩有沒有跟臉部完全密合，迅速調整。接著快速舉手，大聲答好，表示動作完成。

但故事沒完，測試的人會過來看你的面具有沒有戴牢，測試的方式是把手壓在你的進氣口，若有確實密合，眼鏡玻璃部位就會馬上起霧，要是沒起霧，表示可能沒戴好，有空氣從旁邊滲入，這時候又是：「要死了啦，你已經毒死自己了，毒氣已經進到你的肺，你陣亡了。」

那時，我常覺得很緊張，怕自己沒搞定。還好，我都沒被禁到假。

但多年後，我在不同的影片裡，看到人們戴著防毒面具在街上奔跑，心想著，他們又沒當過兵，怎麼都會？也許，我們都該，也都要試著為自己戴上防毒面具，因為這世界充滿了對我們不健康的毒氣。

● 無力人士

我覺得在公司工作容易有個傾向，就是有所保留，或者說，偷懶。我回想自己，似乎很少用盡全力，仔細地思考一件事，並盡全力促成它。我不知道為什麼，但那似乎是一種慣性，好像要是我可以用五分力就用五分力，能用三分力就用三分力。

好像不完全付出，就不會失望。感覺上在組織裡很多事能不能成，都不是靠你個人的努力就可以，而周圍的人也會不斷地教育你，出力的是戇人，認真就輸了。

與其盡全力，不如省點力，久而久之，不出力但看來像出力，成了你唯一的利器。這其實很恐怖，因為時間一長，你就成為一個只有五分力、三分力的人了。等到有一天你想盡全力，你的全力也只是原來的三分之一。

想像你身高一七〇公分，看起來一七〇公分，但使勁時只有三分之一，四捨五入後只有五十七公分，比我五歲女兒還矮，她都有一〇六公分了，而且她做每件事都全力以赴。

我是某天意外發現自己怎麼變這樣的。

我是真心嚇到的。我成了那個我不喜歡的大人了。

我被毒氣籠罩了。

● 本來不是這樣的

我現在回想，好像也不只我這樣。在學校時，同學們就會知道要互相提醒，打掃時隨便就好，老師沒看到就偷懶；當兵時更是比賽摸魚，班長沒看到就偷懶、打混。大家比的是看誰聰明會耍詐，看誰過得比較爽。

我記得以前南一中時，學校裡的大榕樹很會掉葉子，掉得滿滿一地，我的打掃工作就是要用大大的竹掃把，好好地把它們掃成一堆，再放進垃圾袋裡拿去丟掉。我很喜歡這項打掃工作，因為是到學校後開始一天的第一件事。我喜歡看到事情因為我的努力而有所改變，現在回想，我是真心喜歡，不斷揮動手臂，用力並帶點技巧地搧動葉子，讓它們飛起，飛在一起，飛到同一個地方。

雖然隔天樹葉又會掉滿地，但我不會感到失望，更不會覺得這樣重複的事浪費生命，我反而覺得，那是生命。這樣說好了，每天都能掉葉子的樹，表示每天都在長葉子呀，我是在見證生命，而不是浪費生命。

我喜歡全部掃好後，再看一眼地面。看得見葉子被掃完後露出的純黑色地面，看得見那本來一大片又黃又綠的顏色，被我一個人改變。我很開心，這是一天開始的得分，我佩服我自己。

我享受認真的自己，享受認真做了什麼並改變了什麼的自己。

認真你自己知道，不認真你自己也知道，你自己也不會以這樣的自己為榮。

我們不應該被旁人剝奪了自己開心的樂趣，可是日常工作又已經定型，充滿了拘束和無成就，還有那些旁人對認真者的冷嘲熱諷。你得找點事做，最好是，小時候、年輕時想做的，那些旁邊的人不會想做也不會出現的事。四周一片毒氣，腐蝕人心，讓人軟弱無力。

認真去做喜歡的事，就是你的防毒面具。

● 出現三次就可以做了

我最近在練空手道，大概也不會因為參加比賽得到全國排名而拿到獎學金，更在工作上用不到，從純粹金錢的角度，就是浪費。

那到底為什麼要去呢？

因為我有個朋友說，**任何事，要是你想到三次，其實就可以去做了**。

你第一次想到時，就輕鬆地想一想，然後，放著。再次想起時，就該好好用心再仔細評估，然後再放著。第三次想到時，就仔細地把後果順過一輪，然後，就可以去做了。

我以前寫過一句話：「不做不會怎樣，做了很不一樣」。

最近有點想修正為：「不做不怎麼樣，做了很不一樣」。

平常已經夠不怎麼樣了，面對自己想做的事，就別再那麼欺負自己——你每天順著別人的意，就不能順自己的意嗎？要是人生出發點只有不要浪費金錢，那就死去好了，那樣以後都不會花錢——**你得花心力，才會意識到自己活著**。

在練習空手道時，我專注地側踢，專注地前踢，專注地迴旋踢，專注地正拳，撞擊。

世界已經夠多虛與委蛇了，幹嘛不對自己誠實點？該騙的對象不是你自己。

想做，就去做。

做你喜歡的事，你才能做自己喜歡的人。

●搞定自己想要的味道

我很在意味道，要是到一個環境，味道讓我不舒服，我會離開。

有的人身上散發讓人不舒服的味道，只想壓榨別人、壓抑自己，這種人，自然會影響環境健康，為了我們自身的安全，除非你是空氣清淨機，不然離遠一點好，別同流。他正在破壞環境，你不該當幫兇。

但，自己想要什麼味道呢？

我工作時，會用迷迭香，清新、舒緩，讓我有潔淨感。讓我意識到，儘管自己許多時候，不得不勉強同流合汙，但在時代洪流將我滅頂前，盡力不斷動著手腳掙扎。

有點麻煩，但是我想要。

而且，誰知道呢？攪亂一池後，說不定，會變乾淨，變成春水。

松浦彌太郎說，他喜歡乾淨的感覺，包括自己。我想，是個很好的建議，避開油膩的人，隔絕髒汙的環境，不讓臭味沾染你，然後，很認真地，想好、做好自己喜歡的。

當我要寫一個文案時，通常我會想讓自己處在一個相對好的狀態，好對得起那個即將要被產出的文字。我會好好運動，通常是半小時，弄到全身濕透，而且是被汗水浸濕，從髮根到髮尾，近三十公分，然後才去洗澡。這是我的沐浴齋戒，讓自己淨化了，也進化了。

我的思慮可以比平常澄明一點，可以比平常敏銳一些，可以比原來的自己好一點，好讓自己可以產出好一點。

不是每次都能如願，但是我盡力去做，試著營造出一個理想的味道，好讓我更加靠近理想。

把自己照顧好，創造理想的味道，在創造理想之前。
奇妙的是，理想會循著這個理想的味道，緩緩地回應你。

我想，你會散發好味道。你會喜歡這樣的自己。
我喜歡這樣的你。

一個口罩的好創意

好點子好開心

今天有個奇妙的經歷，我訂的口罩送來了，一戴上，全家都哈哈大笑。

這是職棒球隊發行的，他們很有想法，在這個因為新冠病毒疫情暫時不開放球迷進場的時刻，用一個有趣的點子，讓大家參與比賽，親近球員。他們把球員的臉印在口罩上，而且是等比例的，所以，當我戴上了口罩，我的臉下半部就成為了其中一位球員，而且印刷精美，位置精確，我的鼻子就透過口罩往下延伸，而我的臉頰就有了帥氣粗獷的鬍渣，十分性格。

通常一個行銷手段能夠回應一個需求，要是能夠回答得好，且這個需求是強烈的，就很有機會創造極大的話題。而「球員口罩」真是聰明的想法，因為它同時回應了兩個需求。

一個是因為疫情，戴口罩成為每個人的日常需求，而且是強烈、接近強制的；另一個是，想要看球的心，想要和球員靠近一點的心，而這個idea，不就同時回應了兩樣嗎？它趣味無比，每個人都可以看到，並且一定會出口詢問，又再次創造了一個討論的機會。

這是標準的創意解決困境的案例，非常精采。

它同時也創造了使用者的個人差異。當每個人都必須要戴口罩時，人們就會期待有所不同，好讓個體在群體裡有些許地被凸顯。這個心理十分微妙，就像過去我們在學校穿制服時，總是會有同學去把褲子改成喇叭褲，有同學把裙子改得稍稍短一點，或者改得長一點，幾乎所有的消費型商品都會面臨這樣的獨特心理：我要跟大家在一樣中有一點點不一樣。

而能把這心理狀態掌握得好，並且能夠巧妙回應者，就會在市場上有不錯的品牌價值。

●小小的logo，大大的力量

口罩上印製了雅緻但不巨大的隊名，帶來了品牌宣傳，強化了忠誠度，「我球迷我驕傲」的心理需求被滿足了。

這邊有一個值得肯定的地方，就是在設計上，沒有過分地把隊名logo放大，它內斂且不過度搶戲地擺在口罩的側邊位置，呈現設計者的sense極佳，決策者的素養更棒，表示他們理解人性，在乎他們的使用對象。

誰想要嘴巴上有個大大的企業logo啦？但這就是傳統錯誤的行銷思維：「我花錢了，把我放最大」，問題是當logo很大時，就容易很醜，於是人家就少了使用的意願，那不是失去原本的目的嗎？還有，當logo極大化時，也表現出你潛在的想法，那就是：「在我心中我這個企業比較大，你這購買者比較小」，有點暴發戶的心態；當你的logo小小的，人們反而會好奇，這是誰做的，進而有討論的機會。

想像一下，當你把logo印得大大的，有一個人還願意戴上去，可是，接著還會有人問「欸你這是什麼」嗎？不，不會的，因為，不就是有印logo的口罩嗎？哈哈哈。

少了被思考，被開口詢問的機會，而這機會難得，別輕易自行殺死。在這個網路時代，沒有什麼是人們搜尋不到的，重點是，人們對你有沒有興趣。

你的作品有趣，人們就會想辦法知道是誰做的。

你的作品無趣，你放再大再多，大家只會回，你再煩呀。

小小的，反而讓人端詳，反而讓人在意，會關心，想問起；小小的logo，有時才有大大的力量呢！

● 我只要大大的logo？

噢，對了，近年也有些服飾品牌會把logo放超大的，我感到好奇。

後來看到幾個報導才知道，他們鎖定的對象是某新興大國的國民，因為該國國民從過往相對貧窮閉鎖進入到消費能力增加時代，心理上正強烈需要被認同，因此他們必須要靠衣服上巨大的logo，好讓人一眼知道他穿得起貴的東西。而這需求影響了品牌的設計，設計師們被要求刻意地把logo放大，好提供一眼就看到的服飾，這又是另一個有趣的案例了。

這個特別的情境裡，有兩個必要條件，一個是你的對象，是過去略帶點自卑、需要外界事物來加乘自己價值的消費者，而且他社交溝通的群體對象也跟他一樣，僅藉由單一表面事物立即判斷一個人發達成功與否；另一個是你的品牌，必須已經是對方所認同的名牌或者是高價品，好回應對方的心理需求。這是一個相對獨特的消費情境。

這種略略帶點自卑後的自大，其實，非常少見，以我們相對已經發展成熟的市場而言，這樣對於logo的處理方式，更是容易被拒絕，被認為有點土氣。現在，多數品牌對這個世界的幫助巨大與否，比logo巨大與否來的重要許多。

為世界掃除苦悶

回到這個印上球員臉的口罩，更好玩的是，它不是把一個人的臉印到口罩上去而已，而是把每位球員的臉都印上，所以，這就又可以讓個別球員的價值被建立，也增加了收集的趣味。全隊都不一樣，任君挑選，讓你和喜歡的球星親密接觸。

我還聽說有人會想要反過來戴，當下想說，為什麼反過來戴，這樣不是上下相反，鼻子跑到下巴、嘴巴跑到鼻子去了嗎？後來才知道，不是啦，是裡外反過來戴，這樣球員的嘴就會對上自己的嘴，變成接吻啦，哈哈哈，真是笑死我了。

不過我更看重的是，苦悶的掃除。

那天當我戴著那個口罩去某大樓時，一位負責看管進出的櫃檯小姐，她跟我要證件好記錄，同時隨口說：「你要戴口罩哦。」我當下沒有反應過來，因為我記得我有戴呀。結果，她看我沒反應，就又抬頭仔細看，這時，原本單調無趣的工作情境，突然轉變了，她臉上出現笑容：「啊，不好意思，我剛沒注意看，好酷噢！」她甚至立刻叫隔鄰幾個窗口的同事們趕快看，一時之間，我成了那個出入口的風雲人物，人們圍著我觀賞，眼睛露出讚嘆好奇的表情。

大家輪流談論著：「哇，這什麼？」「好帥噢」「這超酷的啊」……我略帶得意又小小害羞地跟眼前的陌生人們說：「這是一個職棒球隊的，這是某某球員的臉哦。」大家就更加佩服：「好有創意噢」「真有趣」，還有人大老遠地拉著同事過來看我，我當下就算不是超級巨星，也算是個還可以的諧星了。

現場那因疫情影響的苦悶，排隊買口罩隨之而來的不方便，還有炎熱天氣的煩躁感，好像都一掃而光。

我常覺得，做為這時代的創意人，必須要擔負一個較過往更大的責任，你除了洞察人性的心理狀態外，更要盡量在任何作為裡，試著放入療癒的因子。或大或小，總之你必須要放在心上，並最好把那當做自己的志業，讓人心被安慰，被娛樂，被諒解，被照顧。

因為，這個時代的苦悶，不只集體，而且具體，並且深深地傷害了每一個在其中生活的個體。我們每個人都有責任，互相看顧，互相取暖，互相包紮換藥，並在這其中一次一次地復原。

如果可以，我們都該做個環境守護員，試著減少那些有害的物質汙染其他人的環境，如果可以，最好還能幫忙把一些垃圾撿起來，不要讓我們彼此繼續被毒害。

你今天掃掉誰的苦悶了嗎？

● 今天我帶你上場

很好玩的是，我在社群媒體上分享了我戴這個口罩，沒想到竟然「釣」出了那位球員。

原來他的家人朋友看到了，在留言處tag他，他也很開心地來留言，說我把他給戴帥了。後來，我戴著這口罩去倒數計時即將閉館的誠品敦南店，順便和我的新書合照，跟他分享，他好開心。

我說，我帶他去誠品耶。

他說，謝謝啊，他自己都不好意思戴出去。

也是，戴著自己的臉有點怪噢，哈哈哈。

後來，他就跟我說，那他今天要帶我上場。

我很驚訝，什麼意思呢？

他說，他在網路上看到我說的一段話，非常有用。

他看到我說：「任何你想去做的事，如果你擔心的，第一個跳出來的是怕丟臉，那就一定可以做，因為表示沒有什麼危險性。」

我後來回想，應該是我和Teach for Taiwan為台灣而教的劉安婷對談時聊到的，**世界上有許多事，我們都很想做，但都會跳出許多理由來攔阻我們，不過那些理由，也不是每一個都很充分，也許只是未來讓你後悔的理由。**

他說，他總是擔心自己不夠好上場的表現會丟臉，害了球隊。

我說，你知道嗎？我發現，好人都怕自己不夠好，壞人都怕自己不夠壞。

● 好的創意帶來好的祝福

真的，這是我的小小發現呢，都是很好的人們，才會擔心自己不夠好。他們努力認真，卻又害怕自己拖累別人，於是時時自我懷疑。我在旁邊看，有時很捨不得。

其實，這位球員超級厲害的，總是在場上建功，更是我們非常佩服的一員猛將；場下也很自愛，很少鬧出什麼負面新聞，對於我們這種有孩子的家庭球迷來說，也是極佳的家庭教育教材呀。

他可愛地說，好，我要把你說的話帶上場，我要把場上的全部打回來。我開心地點頭，透過手機螢幕，我感到溫馨，一種奇妙的、距離遙遠卻心靠得很近的親密感湧上。

你看，**這就是創意的力量，尤其是以愛為基底的創意，那會打動人，更讓人引出最正面的一面，創造了一個嶄新卻溫柔的關係。**

我常常在想，如果在資本主義的世界裡，我們不得不做行銷，那麼可不可以盡量做好一點的行銷？因為行銷活動多數時候會耗費到地球的資源，有些時候還會是無效的，沒有達到效果，那就成為一種更嚴重的浪費，浪費錢、浪費時間、浪費地球逐漸枯盡的資源，那些資源原本可做更好的事，幫到更需要的人。

因此，為自己處在這個產業感到些許自卑的我，總是謙卑地期盼自己的創意，可以有效完成客戶的市場任務，並且也完成我們在這世上的人性任務。

今天，我看到一個有創意的口罩想法，一個我佩服的好想法，它的奇妙力量就發生在我身上，當我再度把它分享出去，這就是我心中理想的創意，這就是我心中理想的創意人應該且該追求的。希望這個好創意，可以啟發更多美好的創意。

聰明、才智也許很重要，可是，愛心，才能讓人懷念。

期望我們有更多有愛的好創意，祝福更多人心。

可愛的是有人愛！

Beatles是枝可愛的筆，彩虹般的色彩，當然表現了他們一直在談的世界和平人人平等的概念。而且在筆蓋上有四個鬍子造型非常趣味俏皮。有人問說要如何才有影響力？是很厲害嗎？我倒覺得如果可以，最好可愛得厲害，或者有愛得厲害。讓人愛你，才厲害。

創意
俯拾即是

那些心意，帶來了新意

遠方演奏的古典音樂

前天讀到一篇報導，很美也很辛酸。

因為治療新冠病毒並沒有特效藥，而且醫療體系資源匱乏，全球許多醫護人員感到十分挫折，只能看著病人在手上死去。義大利有位女醫師，卻找到了某個支持性療法，一時之間，不少醫療資源短缺的義大利醫療機構都向她學習。

你知道，許多病人因為染病，所以和家人隔離了，無法見到家人，內心是孤單恐懼，也因為目前沒有任何藥物，那種失去盼望的感覺，是可怕的，甚至是會侵蝕人心的。這可能是他們人生中最黑暗的時刻，感覺孤單無援，加上醫院環境裡，不斷地有人離世，艱難的每一次呼吸裡，擔憂自己是下一個，再也看不到自己的家人，那種絕望中的煎熬，不是一般人可以想像。而醫護人員也是，眼前的景況是他們這輩子專業訓練裡沒有見過的，更別提他們的老師可能也沒有遇過如此大的劫難，沒有人有心理準備。每個人都在體力透支底下，承受高度的挫折感，因為無法給予病人立即的幫助，那種身心俱疲，讓許多醫護人員在現場崩潰痛哭。

這位義大利的女醫師本身是位古典音樂的愛好者，閒暇也會拉小提琴，她想到許多音樂家因為病毒大流行，無法開音樂會，都賦閒在家，而她相信音樂是可以有療癒效果的，所以，她邀請音樂家用視訊連線的方式，為病人演奏。

因此，許多病房洋溢著樂音，雖然音樂家可能遠在地球的另一端，在洛杉磯、在里斯本、在柏林，在世界各地，在他們防疫的家中，但他們拿起手上的樂器，為遠方不熟識的病人，演奏樂曲，撫慰他們。

音樂原本就是種奇妙的東西，它似乎不是一種物質，卻也因此可以擺脫現實的枷鎖，能給人帶來不一樣的心情，而病人心理上被支持，也引發了另一種效應——至少他知道世上有人在乎他，而且那種遠在他方、彼此不相識的奇妙緣由，似乎也讓物理上的距離變成一種特別緣分。我不知道，我在讀這篇報導時，眼睛竟不自覺地濕了，我猜，那是因為這裡有人性的光輝。那光照亮了我們恐懼的黑暗深淵，帶給了人們希望，也帶給我一點一下子說不上的感動。為陌生人而做的，我覺那種愛，是高尚的，讓每個在巨大可怕病毒前渺小的人們，突然間，擁有偉大的可能。

我也提醒自己，我們可以做點什麼，我們都可以做些什麼，至少，我們要相信。

女兒的花

女兒在家吃完優格，說要把那剩下的空盒子帶去幼兒園，我不太清楚是要做什麼，她只說要插花。結果今天帶回來一小盆好可愛的花，上面有滿天星、康乃馨，而且搭配出來的結構、色彩，十分好看，我看了覺得頗有美感，好奇問她這是什麼，她說，是要給媽媽的母親節花朵。

我走在人行道上，看著她仰頭一臉得意的笑，那是一種認真幫愛的人做事，之後心滿意足的得意。我看著她，我是羨慕她的，那種單純付出，不求回報，並且在過程裡就被自己打動的樣子。我覺得好甜美。

而我自己上一次這樣，是什麼時候呢？

用心努力地在一件事上，並且不是為自己，是為別人。不是為了金錢上的報酬，只是純粹讓另一個靈魂愉快，那麼簡單，那麼慎重其事，卻又那麼信手捻來，毫不勉強，毫不做作。我才覺得，**我們看孩子幼稚，但他們也許比我們接近真實的快樂，時時享受在愛裡付出，並因此繼續付出愛，也比我們更喜愛這樣的自己。**

● Coldplay的Nice Play

我正在聽的是海飛茲（Jascha Heifetz）的專輯，專輯名叫做《*Never-Before-Published and Rare Live Recording*》，不會公開發表的現場演奏專輯，背景有傳統黑膠唱片的那種沙沙聲，聽來非常有意思。讓我想到前天的酷玩樂團（Coldplay）主唱克里斯·馬汀（Chris Martin），他為維持社交距離與防疫待在家中，但每隔一段時間就會想跟大家分享音樂。

這個可能是目前全世界最紅的搖滾樂團，在去年底突然宣布，在找到更好的方式解決巡迴演唱帶來的環保問題前，暫停世界公演。

原來，他們到世界各地表演，必須要帶上所有的音響設備、舞台、燈光，再加上人員，他們光上次的巡演就雇用了一〇九位工作人員，三十二台卡車，而長途飛行、交通運輸帶來的碳排放量，也很驚人。當然，搖滾樂需要的電子音樂和音響，還有創造強烈氛圍絢麗的燈光、雷射，也都需要大量的耗電。

主唱Chris說，他很期待可以有一場演唱會是沒有一次性塑料的使用，並且全程使用太陽能。而在想出好方法之前，他們打算先暫停巡迴演出，但這其實也同時意味，他們將失去最主要的收入來源。

所有歌迷都錯愕了，但也立刻理解這樣的行為。

因為Coldplay除了很酷很流行之外，一直以來也是充滿環境意識的樂團，他們有一首歌〈*UP&UP*〉，整支MV的影像非常強烈特殊，把人和環境合在一起，比例上的不合理，比方說高速公路的車流，穿越了雲霧之間，除了充滿想像外，更完全都在呈現人類活動影響了地球的自然生態。

他們在世界上的每次演出場場爆滿，在台灣的演出也是一樣，我和家人站在雨中，全身濕透，從牛仔褲濕到內褲，可是全身發熱，嘴巴跟著唱，身體跟著搖擺跳動，腳下的泥土地早已變成泥巴。我那雙紅色的Converse球鞋，上頭還沾滿了泥巴，我到現在都沒有洗掉，因為這是我們很喜愛的記憶之一。

Coldplay他們做為在商業上極為成功的當代搖滾樂團，可以想像，要是他們願意，他們可以繼續用傳統的方式大賺其錢，沒有人會說話，甚至是大家引頸期盼的。可是他們選擇暫停一下，安靜一下。

非常有趣的是，他們是在二〇一九年十二月十日宣布，大家想到什麼嗎？

是的，隔沒幾天，新冠病毒肺炎爆發。

非常有意思的是，因為他們早已經停止接下來一年的演出，因此不會打亂演唱會行程的規劃，也不會產生取消後那些必要發生的費用，那些巨額的退票、交通物流運輸費用，都不會發生。他們算是幸運地避免了許多商業違約的風險，因為他們本來就沒有要進行這些商業活動。

這或許是種幸運，我想到的是，對地球好的，地球也會對他好。

當然，他們還是不甘寂寞的，他們還是很愛歌迷，竟然開始在網路上直播，讓歌迷們看免錢的。而且，那天來臨時，是以非常奇妙的方式。

原來，因為疫情突然爆發，所以各國減少入境的機會，好避免因為移動旅行而產生病毒擴散，但各團員之前因為沒有演出工作，所以分別和家人朋友出國旅行了，因此大家都散居在不同的國家，那說好的表演呢，怎麼辦？

有創意能力，能夠柔軟思考的人，就是不太一樣。

Chris就說，噢，那大概是上帝要我們這樣表演吧。

他們就表演了。在各個不同的國家，四個人各自用各自的樂器，藉由網路一起表演，把搖滾樂團的核心，自由開放的精神，表露無遺。

過去，我們怎麼可能想像有一個樂團，是沒有在同一個舞台上，還一起表演呢？還有，所謂的超級巨星，怎麼可以沒有由專業且充分準備好的工作人員好好地侍奉，就自己在家拿起眼前的樂器表演了？這不是太沒有被善待了嗎？

超級巨星怎麼可以這樣？

不，正是因為這樣，跳脫框架，所以，他才是超級巨星。

● Never-Before-Published and Rare Live Recording

我相信，如果要找問題的話，一定找不完，光是一首歌，是需要節奏的，是需要一起開始的，怎麼可以不在同一個地方？這樣節拍不會跑掉嗎？鼓手開始下鼓點的時候，大家怎麼辦？

找問題很簡單，找答案比較難。

但比較糟的是因為看到問題，就決定不想答案，而讓那問題被浪費了，它本來會帶你去找到新答案的，而你卻因為害怕逃避，所以，錯過了。

我自己會因此自我反省，是不是太常有傲慢的習氣了？覺得什麼東西都要怎麼樣才叫到位，我想，那些物質條件的完整，一定沒有盡頭，但也不保證創作結果。物質條件沒有真正完整的時候，幾乎就像物慾一樣。

堅持只能怎樣的條件才行，可能反而侷限了自己的創作可能呀。

這樣說好了，Chris可以在世界最先進的錄音室表演出最精確的音樂，卻也因為疫情，意外在沒有辦法彩排的狀況下，藉由眼神和團員連成一氣，甚至可能網路連線不穩定、有點delay狀況下，創造一個即興演出的新作品。

重點是，有沒有愛，有沒有創意，有沒有願意做。真正的創意，應該是要俯拾即是，信手捻來，眼前的資源就是最好的資源。

世界變化極快，人們對影像的需求似乎也在改變，變得能夠接受粗糙但臨場感十足的影像，並且深深被其中的真實性所吸引。我後來的體會是，不是那個粗糙吸引人，是當中真實的情感打動人，人們會覺得自己被真心對待，不是添加了許多人工芳香劑，而是真實嗅聞到靈魂的芳香——Never-Before-Published and Rare Live

Recording。

這不就是我正在聽的海飛茲的現場版本名稱嗎？

這不就是現代人們所喜愛並不斷追求的感受嗎？

● 有心意，就有新意

我也想到，我女兒插的花。她會插花嗎？她應該不會，但她認真地把花插好，並且因為那些是真的花，裡面的情意是真的，所以就真的美麗。

你說情意有假的嗎？有啊，還不會壞，但我真的覺得那很壞。

還記得嗎？有一種塑膠做成的假康乃馨，那種底部是塑膠，花瓣是類似不織布材質，感覺非常俗豔，不會壞掉，但也不會好的那種假花；那種每個媽媽收到，都隨手擺著毫不珍惜，甚至母親節前後，被人遺棄像垃圾般路上到處都是。

我常覺得，地上有那些被拋下的假花，很醜，也覺得當初為了便宜而大量製造、採購的人很傻。你做出一些垃圾，沒有人喜愛，你以為省了錢，其實是更巨大的浪費。最壞的是，你讓孩子沒有動手創造的機會，也破壞了他們對美學的想像力。

要給最愛的人的，不應該是最美的嗎？但若你告訴我，那種假花是最美的東西，不是很可怕嗎？

台灣的製造能力超強，但常常因為美學素養而讓產品的價值打了折扣，如果你很在乎競爭力的話，真的需要一起提升所有人的美學素養。

為什麼媽媽們不珍惜這些假花呢？難道就因為它是假的嗎？對。

還有，因為它在一種大量且低成本的思考下，它不會壞，可是也容納不了想法，它不是孩子用心去做的，它裡面沒有孩子的心，媽媽為什麼要喜歡一堆工廠做出來的塑膠啦？——沒有心的，那當然，人們也不會用心在它上面。

而病床邊遠方傳來的演奏樂音，為什麼可以撫慰被病毒攻擊的身心呢？同樣的，因為有心意在裡面。

因為心意，所以會想要解決眼前的困境，想要讓在乎的人好過一些，想要讓被阻隔的距離消失，想要做出一點什麼，好讓環境好一點點，好讓自己的孩子可以活得平安一點點。

噢對了，假如你很在乎錢，那我跟你說，新意會帶來金錢的。但恐怕它是最微不足道的副作用。我大膽預測，之後Coldplay可以在線上舉辦世界最多人數參加的演唱會，過去一場演唱會，最多四、五萬人，再大就沒有場地可以容納了；但之後他們可以一次辦一場四、五億人的演唱會，甚至，上百億都沒問題，只要有網路的地方都可以，而且是售票，有門票收入的。

他們只需要辦一次，不必四處奔波、移動，而成本將大幅度地降低，包含他們的時間、其他工作人員開銷、運輸交通費用，還可以把那些轉換為視覺聲光效果，讓觀眾更加享受，但門票收入卻會是原來的百倍以上。最重要的是，他們可以減少碳排放，真正對地球好，一如他們當初的心意。

因為心意，所以有新意。

那些心意，帶來了新意。

你一定可以做出更好的主張

為世界而做的，
會回到你身上

● 口罩之外，你關心了什麼？

口罩應該是為了保護我們，讓我們不會被病毒所侵犯，所以我們忍受了呼吸的不順暢，和耳朵長時間下來的些許不適感，但我們不會太抱怨，有口罩可以戴，是件難得幸福的事。在二〇二〇新冠病毒爆發的疫情期間，世界各國能有穩定的口罩供給，都是很少見的事。

這陣子，大家判斷疫情衝擊，銷售都會大受影響，因此似乎都減緩了行銷作為。我當然也覺得這是明智之舉，不過，多少也會想遠一些。

不要誤會，我不是輕易地跳到要大家「危機入市」，那比較是投資理財的範疇。我想問的是，難道一直以來，我們的品牌構築，只是為了短期的銷售嗎？若不是，那當其他競爭品牌的媒體聲量減少時，會不會你的好故事可以得到更多的關注呢？

我也沒有答案，但可以多想一想。

如果我們都同意，品牌的構築不是一蹴可幾，是長遠的計畫，是時間的累積，是希望品牌可以永續經營，直到下一個世代，依舊存在。當然，如果你一直以來，做的就是傳達價格便宜的廣告，講求的是短效，人們不知道你的品牌精神，你也不是有太多餘裕關心這件事，那確實可以暫停腳步，安養生息一番。

不過，我覺得比較恐怖的是後面。

若你在行銷部門，因為疫情的關係，跟公司建議暫時都不要有任何行銷作為。那之後，會不會——我只是說會不會——會不會你的主管、你的公司，也開始思考，有你跟沒你差在哪裡？

因為這段時間，公司沒有行銷作為，好像也還好，那到底為什麼還要花這預算養這些人？或者說，公司不太好了，既然，先暫停的是行銷作為，下一個聯想到的，會不會也先暫停行銷人員，進而取消行銷部門呢？

●超無聊笑話

之前有一個超無聊的笑話。

有位阿伯去郵局寄信。進門後，櫃檯小姐看到他，請他脫下口罩，因為銀行、郵局都會建議來的客人能脫下口罩、安全帽。

阿伯說：「啥？你講台語好否？」

櫃檯小姐想請他把口罩脫掉一下，但因為台語不太輪轉，脫口說出：「阿北，你褪褲走一下。」(a-peh，lí thǹg khòo tsáu tsit-ē。)

阿伯邊碎唸：「吼，今遮爾麻煩哩。」邊把褲子脫掉，跑了郵局一圈。

我真的很無聊，每次想到口罩，就想到這個笑話。

這當然不是真的，是個笑話，但我都會去想像，那位阿伯無奈的神情，和櫃檯小姐緊張尖叫、花容失色的神情。

我常覺得要努力推廣本土語言，因為語言的多樣性，也代表了文化的多樣性。那讓我們有機會在競爭激烈的時代，有多幾種思維，好讓我們不至於因為思考單調，而少了存活的機會。

從個人的角度來說也是，你多會一種語言，你就增加一種溝通能力，你就可以影響更多人，不管你在哪一個產業，身處哪個領域，都只有好處沒有壞處。更別提母語做為你的根，你熟悉母語，可能代表你有更多機會熟悉自己的故事，而那讓你與眾不同，更有機會在工作上脫穎而出。

不過，若把這個當寓言來看呢？也許，讓我來些不倫不類的延伸思考。

櫃檯小姐因為遇到一個不熟悉的情境，她努力運用自己有限的台語能力，雖然結果不如理想，但至少她試了。而且我相信，接著她一定會知道「脫口罩一下」的台語怎麼說。也許就是那位戴著口罩但沒穿褲子的老伯教她的。

如果她什麼都沒說呢？也許老伯就會戴著口罩，辦他的事。但從某個角度來看，櫃檯小姐失職了，她沒有善加提醒，她什麼都沒做，她有虧職守。

然後，老伯就搶劫了。

什麼，這有點跳太遠是嗎？

那我稍稍回來一下，因為銀行、郵局請大家脫口罩安全帽的用意，就是要避免歹徒藉由遮蔽自己的長相進行搶劫。換言之，要是你也認同，你到銀行郵局也會脫口罩、安全帽，那麼，表示你也接受，當有一個人沒脫下口罩，那麼銀行、郵局被搶劫的風險也跟著增加了。

我的意思是，今天我們都跟那位不會說台語的櫃檯小姐一樣，你面對一位阿伯戴著口罩，你什麼都不做，可能增加了風險。

你該試著做點什麼。

“We'll do whatever just to stay alive.”是我很喜歡的一句歌詞，出現在電影《白日夢冒險王》裡，你為了活下去，你什麼都可以做，都可以試試看的——也就是說，**面對危險，什麼都不做，那最危險。**

末日Z之戰之心占率

大家有看過一部電影嗎？由不來的彼特主演，不，是由布萊德彼特主演的，電影描述疾病肆虐全球，做為聯合國的重要國際疾病調查員的他，在面對這個連自身家人都飽受威脅的全球險境時，他說了一句話，讓我印象很深刻。

他說：「我在世界各個危險的區域待過，我的經驗是，當你遇到不可測的風險時，待著不動最危險。」這是他對他家人說的。

不是我說的，是布萊德彼特說的喔。

我也試著分享我的緊急救難包給大家。既然大家的關注力都在疫情上，你也備受影響，無法拓展生意，那要不要，先回到一個人的身上？

做為一個人，你當然會緊張、擔憂、害怕，這時，如果有一個人來同理、安慰、支持你，相對於坐在那邊不理你的人，你會不會比較喜愛這個人？

進一步說，過去我們常在說，市占率來自於心占率。

大家都噢噢噢地讀過去，都知道品牌在追求人們的好感度，可是實際執行時，卻又很容易偏重於產品資訊。明明也很清楚產品資訊在傳播上很不討喜，而且在Google時代沒有任何產品資訊是消費者搜尋不到，重點在於他對你感不感興趣，在於他心上有沒有你。

現在他（消費者）心上沒人呀，這不是一個搶占他心房的大好時機嗎？

先占領左心房，再占左心室，接著右心房、右心室。

簡直是說幹話。對不起，如此粗鄙，但因為這已經是流行語了，所以，我想，我們不能假裝這不存在，而不拿出來討論。我有一次，很好奇到底什麼是「說幹話」呢？在網路上搜尋了許久，終於找到，大概有共識的定義是「說對事情沒有幫助的話」。

後來，我跑步時，一直反覆思考這件事。如果，說幹話的定義是說對事情沒有幫助的話，那，說別人在說幹話，也是在說幹話。這樣說好了，你不想動，就不要也叫別人別動，你知道地球還是在動，只是你沒有跟上而已。嗯，這段還是不要說太多好，你知道的，很容易也變成說幹話，哈哈哈。

●我OK，你先領

為了證明我不是在說幹話，我舉一個例子。

這時代，確實值得大家好好地跟消費者溝通，只要你好好地對話他當下的心理狀態，你也提出一個恰當的主張是他可以追隨的，他一定會願意幫你分享。

比方說，「我OK，你先領」。如果是你的品牌先提出來的主張呢？

他投射出來的人格就是一個有餘裕，有良知，願意等待並且肯分享的人，同時具備對世界變化敏銳，且有獨到見解，並且實際，有行動力來讓世界的問題有稍稍緩解的可能。

我不得不說，這樣的人格描寫，不就是我們在brief（確定廣告規格內容，如時間、預算、工作範圍等）上寫的嗎？不就是我們平常在會議室裡花了大把時間，來回鑽研，雕琢許久的文字嗎？那為什麼真的需要專業人士花力氣為這世界做點什麼時，卻不見了？

你不為這世界做事，這世界就不會看見你。

你有資源，但你選擇什麼都不做。

●既然未知，何妨回到已知？

再說一次，如果你認同品牌是要長期經營，那你這個月的行銷作為絕對和你這個月的銷售額無關。但，會和明年、後年的銷售會有關。

很簡單，**既然情況未知，何妨回到已知？**

回到你已知的良善，回到你已知的，可以讓人平靜，可以讓人安心的，可以讓人更好的，你可以的，你本來就知道的，只是你現在沒有任何行動。

你有許多已知的，值得一說的。你可以鼓勵人們利用這時間多和家人相處，你可以鼓勵人們利用這時間沉澱自我，盤點優劣勢，你可以鼓勵人們這時間多讀書重新理解世界認識自己，你可以鼓勵人們多多運動增強抵抗力，也養成消除壓力的好習慣。

前面寫的「你」，可以是汽車品牌、飲料品牌、電子品牌、金融服務……我實在想不出有什麼品牌不適合做。

你，當然更不只會是行銷人員，你可以是研發人員、財務人員、門禁保全、業務人員……別鬧了好不好，這時代絕不會只有行銷人員有創意，**你是人，你就有創意，**更別提這個普世價值，是人人都能提出來，人人都會認同的。你不只是你，你也是人家的爸爸媽媽，你也是人家的兒子女兒，**你本來就可以為這世界做點什麼，而這點什麼，最後還會回到你身上。**

既然未知，何妨已知？最重要的是：

你一定可以想出更好的主張。

你一定可以做出更好的主張。

危機和轉機
同時搶答

你最近如何？

我最近體脂新低

●社交距離的應對方式

因為新冠病毒肺炎的流行，為了避免群聚散播，最近世界各國都有停課停班的消息，從中可以看到人們不同的對應方式。

有的人下載了會議軟體——我就是，剛剛跟一位教授視訊會議，談線上學習的做法和可能性，聲音清楚，表達無礙，我們還可以講一堆垃圾話，並且確保對方都有聽懂裡頭的笑點，笑得很開心並且快速地做成了決定，大家可以各自在自己的空間時間裡認真完成。

同一天，我和一位演員、另一位導演，做了一個影片競賽的評審，我們暢所欲言，把對各個作品的偏好，個別的獨特點和缺點，都分別說明，並且充分討論。會議期間交換了對於創作作品的評估標準，我們毫無保留，還很有效率地交換意見，並且評選出最好的作品。為了肯定創作者，另外再增設一個獎項，主辦單位也從善如流，馬上接受。

我的狗躺在我的腰際，溫暖著我，我很自在，並且感到安全。我不會因為出門開會，而有可能把病毒帶給我的家人。在這個時代，也許不得不然，但也沒有想像中的那麼不方便。

有的人趕快去把貨架掃空，把家裡的儲物空間堆滿，各種民生物資當然要備齊全，這樣才有安全感。在大麻合法的荷蘭，專賣大麻的咖啡館（coffee shop）外頭大排長龍，因為人們要買回家使用。

每個人面對世界新局勢的反應不一樣，你呢？

● 新日課

因為我每天都要跑步，可是空氣不佳，只好到社區的健身房跑，結果，因為疫情的關係，健身房也關閉了。一天不運動就渾身不對勁的我，深深感到這極大的困擾，有點不知如何是好。

不過，我的習慣是，不知如何是好，就如何都是好。

一次在看網路影片的時候，視窗旁邊出現一位金髮美女，原來是「10min TABATA」健身影片。想說十分鐘而已，有點沒勁，我平常跑步大約是二十五分鐘。不過，反正無法出門運動，就勉強來做看看吧（心裡頭有點覺得應該還好吧）。結果，做下去後發現，欸，我怎麼笑不出來，不像美女笑咪咪的。

這下子，這就成了我的新日課。

我開始追，發現她排出每天的課表，而且區分身體的不同部位，有各種運動，比方針對AB，就是腹肌，針對ARM也就是手臂，或者上半身，或者FULL BODY，長度有十分鐘，也有二十分鐘，各式各樣的。

現在，每天去幼兒園接女兒回家後，她就會說：「來運動吧！」她會扛起比她高兩顆頭的瑜伽墊，打開，鋪好，幫我去浴室拿毛巾來。

接著，我負責把影片從電視上投出來，幾乎跟我一樣大的教練就會對我微微笑。一按播放，動感的音樂響起，女兒和我就照著做，一個動作大約重複三十秒，在最後的五秒鐘，會有個蜂鳴聲倒數，提醒人換下一個動作。通常，我做第一個五分鐘時，就已經全身爆汗，開始用滴的，非常有成就感。

我女兒做幾下，如果發現這個運動很難，她就會說：「那我現在變成觀眾，在旁邊看。」我就得忍住笑，繼續做，畢竟，這是我自己想做的。

當然，有許多動作，我都是咬著牙做的，尤其是腹肌運動。看著自己的腳在空中移動，真的是舉步維艱，十分痛苦吃力，但我很享受，因為，這通常是我跑步到最後一公里時才會出現的感覺，可以提早碰到，我覺得很值得。

我在面對自己的強弩之末。

強弩之末

這裡想跟大家聊聊強弩之末。

我常覺得跑步是為了跑最後一公里，任何比賽比的也是最後那一分鐘，誰比較能堅持下去，誰就會在最後有比較好的成績。

任何體能訓練，其實都是在希望延續表現良好的時間。你的注意力能夠集中，你的肌肉能夠勝任下一個動作，你的觀察力不會因為肉體的疲勞而喪失，你的意志，能夠持續到你想達到的目標。

平常跑步時，我總是在問自己，如果已經是最後一公里，我可不可以跑快一點？

很多時候，我的回答是不行。

哈哈哈。

你以為我會說可以嗎？

通常是不行的，相對於第一公里，你一定感到疲累許多，乳酸堆積在身體每個部位，每一步都要提醒自己把腳抬高才行，不然就會掉下來，拖在地上。甚至會不想動，你的腳會想要待在那裡就好，不要動最好。

我知道在面對自己的強弩之末。

我常常在想，強弩之末，要是還是很強，那不是就太強了嗎？

我的意思是，如果，大家的目標都在眼前，一出手就可以拿到，這個東西會不會沒有太多價值？或者，也可以說進入門檻很低，人人都可以做。

那如果，你把目標定遠，你就可以確定，競爭者減少了。第一，要人們都能夠理解那長遠的目標，想把它當目標；第二，要人們願意花時間力氣，投注在這個目標上。這樣說來，那個到目標的距離，不就成了你的夥伴？距離愈遠，你的競爭者愈少，你的競爭能力愈強。不過，當距離拉遠，目標設定遠大，隨之而來的就是強弩之末的問題了。

你的強弩之末，夠強嗎？

● 大迫傑

日本馬拉松紀錄保持人大迫傑在最近打破了自己的紀錄，他在《跑過、煩惱過，才能發現的事》，談到一般跑步，百分之六十是來自體力，但在馬拉松比賽中，他認為，百分之八十，比的不是體能，而是意志。

他說的，我非常認同。

創作也是。

品牌的經營更是。

如果，你跟我一樣，也認同品牌經營應該是長期的，而不是短期獲利了結，那，很明確的，你也認同**品牌的經營，應是一場馬拉松**。

你可以不斷評估自己的每一步，但，不要忘記，這一步，是為了下一步，而就算這一步有點顛簸，那其實不應該影響你踏出下一步；或者說，你應該盡量不讓它影響你的下一步。所有的教練都會告訴你，這時候要運用你的核心力量，控制自己的身體平衡，好讓自己能夠持續不斷地前進。

你的品牌有核心嗎？你的核心有力量嗎？

你的意志又是如何呢？

● 不知如何是好，如何都是好

跑步跑到最後，我通常會請手幫忙。

手臂的擺動幅度加大，把力氣放在手上面，它自然地會帶動腳步前進。然後，我也會跟腳說，從現在開始你不需要跑很快，你只要跑得跟前面一樣快就好，你只要維持一樣的速度，不必擔心，只要跟前面一樣就好。

我會請全身上下一起來幫忙。我會請腹肌來幫忙，讓腹肌來拉動腳，而不是腳自己在用力。我的腦，也要幫忙，我會請我的腦跟身體說，現在開始，身體你先不要思考，思考交給腦，腦請告訴大家，你們不會太累，你們還好。

更好的一件事來了——這一切都會有終點——因為有所目標，所以只要維持就好，不必太緊張，不用太焦慮，就維持原來的樣子就好。很好玩的是，我只是繼續跑，跑完後看 Nike Run Club 應用程式的紀錄，我的最後一公里，竟然是跑得最快的一公里。

當你不知如何是好時，如何都是好的。

讓你的不同部門一起參與，你可以讓你的財務部門，你的生產部門，你的法務部門，都加入公司的目標，他們可以做他們原本在做的事，也可以分擔一些責任。因為每個人都是自媒體，每個人都有影響力，要是每個人都開始在自己的社群，一起為共同的目標發聲會是如何呢？

當大家都貢獻自己的idea，又會是如何呢？

不要誤會，我不要是要大家僭越專業，而是要大家在原本專業的領域裡努力做好外，現在，一起來參與。就像跑步的時候，是腳在地面上接觸，可是身體其他器官，也可以一起在意這個目標，一起跑步。

任何你可以想到的方法，都可以試試看。

就像我的手擺動，好帶動腳；就像那金髮健身教練因為大家無法去健身房，於是錄製線上影片，反而讓更多人可以看到。

你覺得她原本在健身教室開的課，可以收多少人呢？

五十人？一百人？

我剛看到那位教練的訂閱人數是四百一十二萬人。

你最近怎樣？我最近體脂新低

你說，噢糟糕，我平常沒有這樣訓練我的部門。

沒關係，演習視同作戰。

那作戰呢？你更要視同演習呀。

我讀過一篇對Stephen Curry的訪談，有個記者請教他的訓練方式，他通常在常規的訓練結束後，會再加一個小時自主練習。這一個小時裡，他會做各種奇怪的、扭曲身體的投籃動作，但是卻是很認真地在做。他會練習把球用力拋高，高出籃板許多，好讓球落下時，可以進籃框，那看來毫無必要，甚至有點滑稽；他也會從中場投籃，並且想辦法讓球投進。

他說，練習時，他會去想像這是比賽中最後一秒鐘，他要使勁全力用所有的注意力讓球投進。但在比賽時，他會放輕鬆，讓自己像在練習一樣，不讓緊張過度造成肌肉的僵硬。

我覺得他這番話，就是創意。

平時尋求各種不一樣，非常規的角度，並且努力認真地，把它做出來。然後在危機來臨時，盡量保持思考的彈性，以開放的態度，平靜的心情，讓肌肉維持柔軟，並且出力。

關於品牌的經營，誰都不能說你不夠好，但也沒人可以說自己夠好。

所以，盡量試著做做看。

坐在那裡沒有用，做在哪裡都會有用。

你應該，趁這個時候，把這當作是創意包容度最大的時機，試著保持愉快的心情，試試不同的做法。

噢對了，因為不能去跑步，不能去健身房，結果是，我的體脂新低。

文案是⋯我不知道，你不知道的東西 I don't know you don't know

看世界的方法 175

文字　盧建彰 Kurt Lu
繪圖　盧願

封面設計　謝佳穎
內頁設計　吳佳璘
內頁手寫字　盧建彰 Kurt Lu
責任編輯　施彥如

董事長　林明燕
副董事長　林良珀
藝術總監　黃寶萍
執行顧問　謝恩仁

社長　許悔之
總編輯　林煜幃
副總編輯　施彥如
美術主編　吳佳璘
主編　魏于婷
行政助理　陳芃妤

策略顧問　黃惠美．郭旭原．郭思敏．郭孟君
顧問　施昇輝．林志隆．張佳雯．謝恩仁
法律顧問　國際通商法律事務所／邵瓊慧律師

出版　有鹿文化事業有限公司
地址　台北市大安區信義路三段106號10樓之4
電話　02-2700-8388
傳真　02-2700-8178
網址　www.uniqueroute.com、www.facebook.com/uniqueroute.culture
電子信箱　service@uniqueroute.com

製版印刷　鴻霖印刷傳媒股份有限公司

總經銷　紅螞蟻圖書有限公司
地址　台北市內湖區舊宗路二段121巷19號
電話　02-2795-3656
傳真　02-2795-4100
網址　www.e-redant.com

ISBN：978-986-98871-6-8
初版：2020年8月7日（愛你愛你北七）
初版第二次印行：2023年8月25日

定價：399元

國家圖書館出版品預行編目(CIP)資料

文案是 ... 我不知道 . 你不知道的東西 =I don't know you don't know / 盧建彰（Kurt Lu）著；盧願繪 —初版. —臺北市：有鹿文化，2020.08
面；公分 . —（看世界的方法；175）
ISBN：978-986-98871-6-8（平裝）
1. 廣告文案 2. 廣告寫作

497.5　　109009787